高等学校电子信息类专业系列教材

现代控制理论基础

李 刚 骆长鑫 卜祥伟 刘军兰 编著

西安电子科技大学出版社

内 容 简 介

"现代控制理论基础"是控制类专业的一门重要的基础课程。本教材以线性系统为研究对象，对线性系统的时间域理论进行了全面的论述，主要内容包括系统的状态空间描述、线性系统的运动分析、线性系统的能控性与能观测性、系统运动的稳定性和线性定常系统的综合等。每章都配有较丰富的例题和习题，便于读者自学和练习。本教材内容突出基础性，理论讲解简明、严谨，分析和设计结合紧密，工程实用性强。

本教材可作为高等院校控制类、机械类和电子类等相关专业本科生和研究生的教材，也可作为从事控制方面工作的研究人员和工程技术人员的参考书。

图书在版编目(CIP)数据

现代控制理论基础/李刚等编著. --西安：西安电子科技大学出版社，2024.3
ISBN 978-7-5606-7096-6

Ⅰ. ①现… Ⅱ. ①李… Ⅲ. ①现代控制理论—高等学校—教材 Ⅳ. ①O231

中国国家版本馆 CIP 数据核字(2023)第 226568 号

策　　划　刘玉芳
责任编辑　刘玉芳
出版发行　西安电子科技大学出版社(西安市太白南路 2 号)
电　　话　(029)88202421　88201467　　邮　　编　710071
网　　址　www.xduph.com　　电子邮箱　xdupfxb001@163.com
经　　销　新华书店
印刷单位　陕西天意印务有限责任公司
版　　次　2024 年 3 月第 1 版　2024 年 3 月第 1 次印刷
开　　本　787 毫米×1092 毫米　1/16　印张　8.5
字　　数　195 千字
定　　价　30.00 元
ISBN 978-7-5606-7096-6/O
XDUP 7398001-1

前　言

控制科学发展至今，已经形成了较为完善的现代控制理论体系。一般认为，现代控制理论包含线性系统理论、系统辨识、最优估计、最优控制和自适应控制五大分支。其中，线性系统理论是最重要和最成熟的一个分支，也是其他几个分支的基础，因此也将线性系统理论称为现代控制理论基础。国内外很多高校都将“现代控制理论基础”课程列为控制类及相关专业的基础课程。

本教材是编者在多年教学讲义的基础上，总结教学经验和体会，充分吸收近年来国内外优秀教材的精华内容，并经过进一步充实与提炼编写而成的。本教材内容循序渐进，注重知识的基础性、连贯性和系统性；在理论分析的同时突出系统的应用设计，工程实践性较强；例题与习题丰富，适合自学。

本教材主要介绍线性系统理论的时间域理论部分。第一章为绪论，介绍控制理论的发展过程，线性系统理论的基本概念、主要研究内容和主要学派。第二章为系统的状态空间描述，包括输入输出描述、状态空间描述、定常系统状态空间表达式的建立、线性变换及特征值标准型、组合系统的状态空间描述和系统的传递函数矩阵。第三章为线性系统的运动分析，讲述线性定常系统齐次方程的解、矩阵指数函数及其计算方法、状态转移矩阵的性质和物理意义、非齐次方程的解和线性时变系统的运动分析。第四章为线性系统的能控性与能观测性，论述控制系统的能控性与能观测性的定义和判别准则、对偶系统和对偶原理、能控和能观测标准型、线性系统的结构分解和状态空间实现。第五章为系统运动的稳定性，阐述系统的稳定性和李雅普诺夫意义下的稳定性概念、李雅普诺夫第一法和第二法、李雅普诺夫方程和线性定常系统的稳定性判别定理。第六章为线性定常系统的综合，介绍状态反馈与输出反馈、系统极点配置条件和方法、状态反馈对系统性能的影响、系统的镇定问题、解耦控制、状态观测器设计和带状态观测器的状态反馈系统。

本教材主要面向高等院校控制类、机械类和电子类相关专业的“现代控制理论基础”课程的教学，建议学时数为 30 学时，具体可根据教学对象和教学要求对内容进行选择和裁减。

本教材是集体创作的成果，第一、二和六章由空军工程大学李刚教授编写，第三章由骆长鑫讲师编写，第五章由卜祥伟副教授编写，第四章由西安外事学院刘军兰副教授编写，全书由李刚统稿。西安交通大学郑辑光副教授对教材内容进行了审阅，西安电子科技大学阔永红教授为本教材的编审工作给予了充分支持与帮助，在此谨向他们致以谢意。由于编者水平有限，不足之处在所难免，敬请各位读者批评指正。

编　者

2023 年 7 月

目　录

第一章 绪 论

本章简要介绍现代控制理论基础的基本概貌，包括控制理论的发展过程、现代控制理论的分支、线性系统理论的基本概念、线性系统理论研究的主要内容和学派。

第一节 控制理论的发展过程

控制理论发展至今，经历了经典控制理论、现代控制理论和智能控制理论三个阶段。经典控制理论以传递函数模型为基础，研究单输入单输出(SISO)系统的分析和设计问题，在20世纪50年代发展成熟和完善。之后在航天技术的需求引领和发展推动下，20世纪60年代逐渐形成了以状态空间法为基础的现代控制理论，主要研究多输入多输出(MIMO)系统的分析和综合问题。到了20世纪80年代末期，随着被控系统的复杂性和不确定性的增加，出现了以人工智能为核心的智能控制，重点研究系统的智能性问题。

一般认为，现代控制理论包含线性系统理论、系统辨识、最优估计、最优控制和自适应控制五大分支。建立在状态空间法基础上的线性系统理论是现代控制理论中最为成熟和最为基础的一个分支。线性系统理论的基本概念、原理和方法对现代控制理论的其他分支都有着不同程度的影响和推动，因此也将线性系统理论称为现代控制理论基础。计算机技术的发展和普及，解决了线性系统分析和综合中的复杂计算问题，使得线性系统理论，即现代控制理论基础更加丰富和完善。

第二节 线性系统理论的基本概念

现代控制理论基础研究的主要对象是线性系统。线性系统的最基本属性是满足叠加定理。

一、线性系统的定义

定义 1-1 系统。所谓系统，是由相互关联和相互制约的若干部分所组成的具有特定功能的一个整体。系统可分为线性系统与非线性系统两大类。线性系统又可分为定常系统和时变系统、连续系统和离散系统、动态系统和静态系统，等等，本书主要研究线性定常连续动态系统。

定义 1-2 可加性。当系统有多个外作用输入，且系统的总输出等于单个外作用所产生的输出之和时，称该系统具有可加性。

定义 1-3 齐次性。当系统输入增加 k 倍，且其输出也相应增加 k 倍时，称该系统具有齐次性。

定义 1-4 松弛性。当系统在 t_0 时刻及其以后的输出，唯一地由 t_0 时刻及其以后的输入所决定时，称系统在 t_0 时刻是松弛的。当 t_0 为 $-\infty$ 时，称该系统为初始松弛系统。

通常总可以在 $-\infty$ 时视系统为静止状态，即系统中不存储任何能量。若系统中含有储能元件，则会导致系统为非松弛的。

定义 1-5 线性系统。一个系统称为线性系统，当且仅当系统在松弛的情况下，同时满足可加性和齐次性，即满足叠加原理：

$$\boldsymbol{L}(c_1u_1+c_2u_2)=c_1\boldsymbol{L}(u_1)+c_2\boldsymbol{L}(u_2) \tag{1-1}$$

式中，$\boldsymbol{L}$ 为系统的算子，c_1、c_2 为任意 2 个实数，u_1、u_2 为任意 2 个输入。

定义 1-6 因果性。当系统在 t 时刻的输出，仅与 t 时刻及其以前的输入有关，而与 t 时刻以后的输入无关时，称系统具有因果性。任一实际物理系统均具有因果性。

二、线性系统的性质

定义 1-7 严格性。通常线性系统可以基于不同角度进行定义。但是，研究表明，只有基于叠加原理的定义才是严格的。

定义 1-8 有限性。对叠加原理的关系式(1-1)，通常限制于有限项之和，一般不能推广到无穷项之和。

定义 1-9 现实性。严格地讲，一切实际动态系统都是非线性的，真正的线性系统在现实世界中是不存在的。但另一方面，很多实际系统的主要特性却可以在一定条件下用线性系统近似地代替，这种情况下可以用线性系统理论的方法去解决非线性系统的问题。

第三节　线性系统理论的主要研究内容

线性系统理论的主要研究内容是线性系统的建模、分析和综合问题。通常，研究系统运动规律的问题称为分析问题，研究改变系统运动规律和方法的问题称为综合问题或设计问题。不管是对系统的分析还是综合，建立系统的数学模型是首要前提。

一、状态空间描述

经典控制论中，系统的数学模型用微分方程、传递函数和系统结构图等来描述，而现代控制理论中则用状态方程和输出方程来描述，称为状态空间描述。一般通过选择系统的状态变量，遵循机械、物理、化学和电路等自然定律，建立系统的状态方程和输出方程。状态方程描述了系统内部状态变量随时间变化的关系，是对系统的完全描述。

二、系统分析

系统分析包含定量分析和定性分析两个方面。在以状态方程为基础的状态空间分析方法中，定量分析就是对系统的状态方程进行求解，得到系统状态方程的精确解析解。但其求解过程涉及繁杂的计算，常常需要借助计算机来完成。定性分析包括系统的能控性分析、能观测性分析和运动稳定性分析。定性分析的最大特点就是不需要求得系统状态方程的精确解便能得到系统定性分析的结论。

三、系统综合

当一个系统不能满足期望的性能指标时，就需要对系统进行干预、调节或控制，以改变原有的系统，使改变后的系统满足所规定的任务或性能要求。这样一个完整的过程称为系统的设计或综合。如何实现对系统性能的改善呢？在经典控制理论中，常采用比例积分微分(PID)控制方法对系统进行校正来改善系统性能参数。在现代控制理论中，通常采用状态反馈的方式改变系统的极点分布，从而获得期望的系统性能指标。

第四节 线性系统理论的主要学派

线性系统理论作为现代控制理论的基础，受到了广泛的关注和研究，已经形成了四个主要学派。

1. 线性系统的状态空间法

状态空间法是线性系统理论中一个最重要和最具影响力的分支。状态空间法是一种时间域方法，用状态方程和输出方程来表征系统动力学特性的数学模型，其主要的数学基础是线性代数，在系统的分析和综合中所涉及的计算主要为矩阵运算和矩阵变换，并且这类计算很适合在计算机上进行。无论是系统分析还是系统综合，状态空间法均已发展了一整套完整的和成熟的理论与方法。本课程所介绍的就是建立在这种方法之上的线性系统理论。

2. 线性系统的几何理论

几何理论是由加拿大著名学者旺纳姆(W. M. Wonham)在20世纪70年代初创立的，其特点是把对线性系统的研究化为状态空间中的几何问题，主要的数学工具是几何形式的线性代数，基本思想是把能控性和能观测性等系统结构特性表述为不同的状态子空间的几何性质。几何理论的优点是简捷明了，避免了状态空间法中大量的矩阵演算，而在一定要计算时，几何理论的结果都能比较容易地化成相应的矩阵运算。

3. 线性系统的代数理论

代数理论是由美国学者卡尔曼(R. E. Kalman)在20世纪60年代末创立的，是用抽象代数工具研究线性系统的一种方法。代数理论的主要特点是把系统各组变量间的关系看作代数结构之间的映射关系，从而对线性系统的描述和分析实现完全的形式化和抽象化，变为纯粹的代数问题。

4. 线性系统的多变量频域法

多变量频域法是由英国学者罗森布罗克(H. H. Rosenbrock)在20世纪70年代初提出的，它的特点是将状态空间变换为传递函数矩阵，把问题归结为相应算子的有理分式矩阵的研究。在连续时间情形下，这些微分算子经过拉普拉斯变换后就变成普通的复数并具有复频率的特性。多变量频域法具有物理直观性强、便于设计调整等优点。

习 题 1

1-1 控制理论的发展经历了哪几个阶段？

1-2 现代控制理论主要包含哪些分支？

1-3 何为线性系统？它有哪些性质？

1-4 如何理解“线性系统理论”和“现代控制理论基础”？

1-5 线性系统理论有哪些主要学派？

第二章　系统的状态空间描述

本章主要介绍系统的输入输出描述和状态空间描述方法，包括建立线性定常系统状态空间表达式的方法、线性变换及特征值标准型、组合系统状态空间描述和系统的传递函数矩阵等内容，为线性系统的分析和综合奠定基础。

第一节　输入输出描述

线性系统模型分内部描述和外部描述两大类。内部描述是把系统当成一个“白箱”来处理，即假设系统的内部结构和内部参数等信息是已知的，状态空间描述则是系统内部描述的基本形式。外部描述通常被称作输入输出描述，是把系统当成一个“黑箱”来处理，即假设系统的内部结构和内部参数等信息是未知的。常用的输入输出描述模型有微分方程、传递函数和系统结构图等。

一、微分方程描述

经典控制系统的时域分析法中，用微分方程来表示系统的模型：

$$y^{(n)}+a_{n-1}y^{(n-1)}+\cdots+a_1\dot{y}+a_0y=b_mu^{(m)}+b_{(m-1)}u^{(m-1)}+\cdots+b_1\dot{u}+b_0u \tag{2-1}$$

式中，y 表示系统输出；u 表示系统输入；n 表示系统输出的最高次导数，也是系统的阶数；m 表示系统输入的最高次导数。

二、传递函数描述

经典控制系统的频率域分析方法中，用传递函数来表示系统的模型：

$$G(s)=\frac{Y(s)}{U(s)}=\frac{b_ms^m+b_{m-1}s^{m-1}+\cdots+b_1s+b_0}{s^n+a_{n-1}s^{n-1}+\cdots+a_1s+a_0} \tag{2-2}$$

式中，$Y(s)$是系统输出的拉式变换；$U(s)$是系统输入的拉式变换；$G(s)$是系统的传递函数，定义为零初始条件下系统输出的拉式变换和系统输入拉式变换的比值。不管是系统的微分方程还是传递函数，都是从系统外部的输入输出关系来分析研究系统的，不能完全反映系统内部的动态特性。

三、结构图描述

用结构图描述系统，也属于经典控制频率域分析方法。闭环控制系统的结构图如图 2-1 所示。

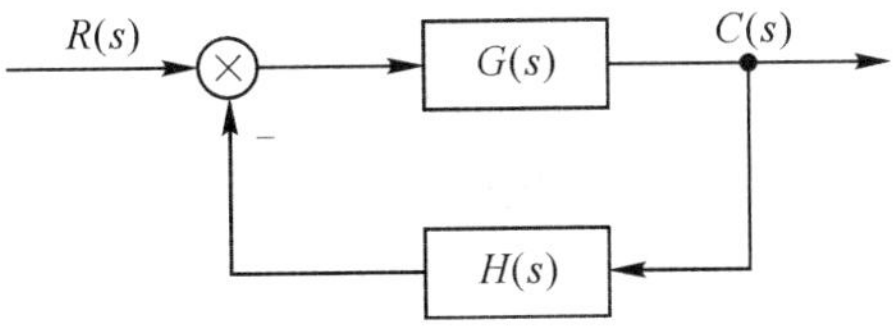

图 2-1　闭环控制系统结构图

图 2-1 中，$G(s)$是系统的开环传递函数，$H(s)$是系统反馈环节的传递函数。由系统结构图可以计算出系统的闭环传递函数 $\Phi(s)$表达式为

$$\Phi(s)=\frac{G(s)}{1+G(s)H(s)} \tag{2-3}$$

第二节　状态空间描述

现代控制理论中，采用状态空间描述建立系统模型。系统模型由状态变量构成的一阶微分方程组来描述，状态空间描述从系统内部对系统进行描述，包含了系统全部的内部运动状态。

一、状态与状态空间

定义 2-1　状态。系统在时间域中的行为或运动信息的集合称为系统的状态。状态代表着系统过去、现在和将来的运动状况，可以用完全描述系统时域行为的一个最小变量组来表达。

定义 2-2　状态变量。确定系统运动状态的一组独立变量中的单个变量，或完全地描述系统时域行为的一组独立变量之一称为状态变量，记为 $x_i(t)$。

系统状态就是由一组状态变量构成的，且这组状态变量之间是相互独立的。对于自然界中的现实系统，状态变量个数是一定的，与系统阶数相同，也等于系统独立储能元件个数。但系统状态变量的选择不是唯一的，可以有多种不同的状态变量选择方法。

例 2-1　确定图 2-2 所示的 RLC 无源网络的状态变量。

解　由电路定律可列出电容上的电压电流关系和回路的电压方程为

$$\left.\begin{aligned} u_C(t) &= \frac{1}{C}\int i(t)\mathrm{d}t \\ Ri(t)+L\frac{\mathrm{d}i(t)}{\mathrm{d}t}+u_C(t) &= u_r(t) \end{aligned}\right\}$$

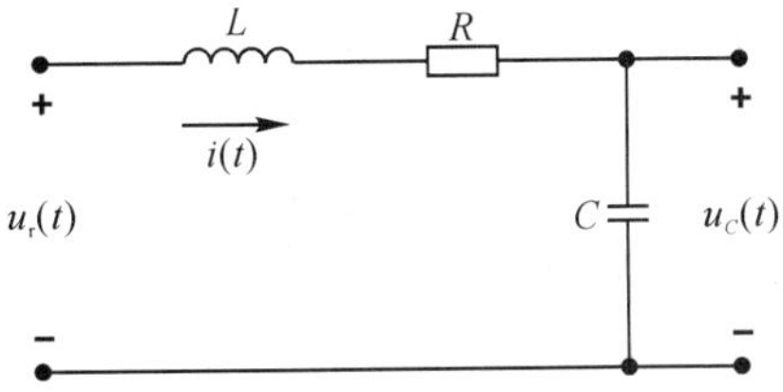

图 2-2　RLC 无源网络

选取回路电流和电容电压作为一组状态变量可得系统状态为

$$\boldsymbol{x}(t)=\begin{bmatrix} x_1(t) \\ x_2(t) \end{bmatrix}=\begin{bmatrix} i(t) \\ u_C(t) \end{bmatrix}$$

选取回路电流和电容电荷作为一组状态变量可得系统状态为

$$\bar{\boldsymbol{x}}(t)=\begin{bmatrix}\bar{x}_1(t)\\ \bar{x}_2(t)\end{bmatrix}=\begin{bmatrix}i(t)\\ q(t)\end{bmatrix}$$

可见，确定系统状态的一组最小状态变量的个数是 2，与系统的阶数相同。但这 2 个状态变量的选择却不是唯一的。

定义 2-3 状态向量。对于 n 阶系统，以状态变量作为分量构成的向量即为状态向量，记为

$$\boldsymbol{x}(t)=\begin{bmatrix}x_1(t)\\ x_2(t)\\ \vdots\\ x_n(t)\end{bmatrix} \tag{2-4}$$

定义 2-4 状态空间。以 n 个状态变量作为基底(坐标轴)组成的 n 维正交空间称为状态空间。

状态空间中的每一点，都代表着状态变量特定的一组值，是系统的某个确定时刻的状态。这些特定状态随着时间的变化在状态空间中形成的轨迹称为状态轨迹。图 2-3 所示是一个二阶系统的状态轨迹。

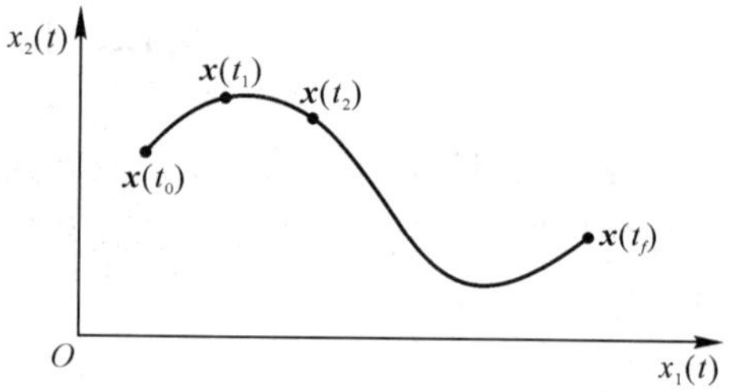

图 2-3 二阶系统的状态轨迹

图 2-3 中，在时刻 t_0，t_1，…，t_f 时，系统的特定状态分别是 $\boldsymbol{x}(t_0)$，$\boldsymbol{x}(t_1)$，…，$\boldsymbol{x}(t_f)$，将这些点连接起来得到的轨迹称为状态轨迹。

二、状态空间表达式

定义 2-5 状态方程。状态方程即描述系统状态变量与输入变量之间关系的一阶微分方程组。状态方程的一般形式如下：

$$\dot{\boldsymbol{x}}(t)=f(\boldsymbol{x}(t),\ \boldsymbol{u}(t),\ t) \tag{2-5}$$

式中，$\boldsymbol{u}(t)$表示系统的输入，$f(\cdot)$表示非线性函数。一旦建立了此一阶微分方程组，所有状态变量的时间响应便可通过求解这个一阶微分方程组获得。

定义 2-6 输出方程。输出方程即描述系统输出变量与状态变量和输入变量之间关系的代数方程。输出方程的一般形式如下：

$$\boldsymbol{y}(t)=g(\boldsymbol{x}(t),\ \boldsymbol{u}(t),\ t) \tag{2-6}$$

式中，$\boldsymbol{y}(t)$表示系统的输出，$g(\cdot)$表示非线性函数。根据此方程，在求得系统状态方程的解后，就可以求得系统的输出。

定义 2-7 状态空间表达式。状态方程与输出方程的组合即状态空间表达式。

将状态方程式(2-5)和输出方程式(2-6)合写在一起，便构成了系统的状态空间表达式：

$$\left.\begin{aligned}\dot{\boldsymbol{x}}(t)&=f(\boldsymbol{x}(t),\ \boldsymbol{u}(t),\ t)\\ \boldsymbol{y}(t)&=g(\boldsymbol{x}(t),\ \boldsymbol{u}(t),\ t)\end{aligned}\right\} \tag{2-7}$$

根据此方程，在求得系统状态方程的解后，就可以求得系统的输出。

定义 2-8 线性系统的状态空间表达式。线性时变系统的状态空间表达式的一般形式如下：

$$\left.\begin{aligned}\dot{\boldsymbol{x}}(t)&=\boldsymbol{A}(t)\boldsymbol{x}(t)+\boldsymbol{B}(t)\boldsymbol{u}(t)\\ \boldsymbol{y}(t)&=\boldsymbol{C}(t)\boldsymbol{x}(t)+\boldsymbol{D}(t)\boldsymbol{u}(t)\end{aligned}\right\}\qquad(2-8)$$

式中，$\boldsymbol{A}(t)$表示系统矩阵，$\boldsymbol{B}(t)$表示输入矩阵，$\boldsymbol{C}(t)$表示输出矩阵，$\boldsymbol{D}(t)$表示直馈矩阵。可以看出，对系统的状态空间描述可由两个过程来反映。一个是输入引起的状态变化过程，用状态方程表示。另一个是状态和输入导致的输出变化过程，用输出方程表示。状态方程是一组一阶微分方程，能够完全描述系统的动力学特性。输出方程是代数方程，能够表达输出与状态和输入之间的关系。

当线性时变系统各矩阵的元素不随时间变化时，系统为线性定常系统，记为$\{\boldsymbol{A}, \boldsymbol{B}, \boldsymbol{C}, \boldsymbol{D}\}$，其状态空间表达式如下：

$$\left.\begin{aligned}\dot{\boldsymbol{x}}(t)&=\boldsymbol{A}\boldsymbol{x}(t)+\boldsymbol{B}\boldsymbol{u}(t)\\ \boldsymbol{y}(t)&=\boldsymbol{C}\boldsymbol{x}(t)+\boldsymbol{D}\boldsymbol{u}(t)\end{aligned}\right\}\qquad(2-9)$$

式中，$\boldsymbol{x}(t)$为n维状态向量，$\boldsymbol{u}(t)$为p维输入向量，$\boldsymbol{y}(t)$为q维输出向量；$\boldsymbol{A}$为$n\times n$的系统矩阵，$\boldsymbol{B}$为$n\times p$的输入矩阵，$\boldsymbol{C}$为$q\times n$的输出矩阵，$\boldsymbol{D}$为$q\times p$的前馈矩阵，形式为

$$\boldsymbol{A}=\begin{bmatrix}a_{11} & a_{12} & \cdots & a_{1n}\\ a_{21} & a_{22} & \cdots & a_{2n}\\ \vdots & \vdots & & \vdots\\ a_{n1} & a_{n2} & \cdots & a_{nn}\end{bmatrix},\ \boldsymbol{B}=\begin{bmatrix}b_{11} & b_{12} & \cdots & b_{1p}\\ b_{21} & b_{22} & \cdots & b_{2p}\\ \vdots & \vdots & & \vdots\\ b_{n1} & b_{n2} & \cdots & b_{np}\end{bmatrix}$$

$$\boldsymbol{C}=\begin{bmatrix}c_{11} & c_{12} & \cdots & c_{1n}\\ c_{21} & c_{22} & \cdots & c_{2n}\\ \vdots & \vdots & & \vdots\\ c_{q1} & c_{q2} & \cdots & c_{qn}\end{bmatrix},\ \boldsymbol{D}=\begin{bmatrix}d_{11} & d_{12} & \cdots & d_{1p}\\ d_{21} & d_{22} & \cdots & d_{2p}\\ \vdots & \vdots & & \vdots\\ d_{q1} & d_{q2} & \cdots & d_{qp}\end{bmatrix}$$

当输出方程中$\boldsymbol{D}=\boldsymbol{0}$时，称系统为固有系统，记为$\{\boldsymbol{A}, \boldsymbol{B}, \boldsymbol{C}\}$。

三、模拟结构图

线性定常系统的模拟结构图是用来表征系统各状态变量之间的信息传递关系的结构图。线性定常系统$\{\boldsymbol{A}, \boldsymbol{B}, \boldsymbol{C}, \boldsymbol{D}\}$的模拟结构图如图 2－4 所示。

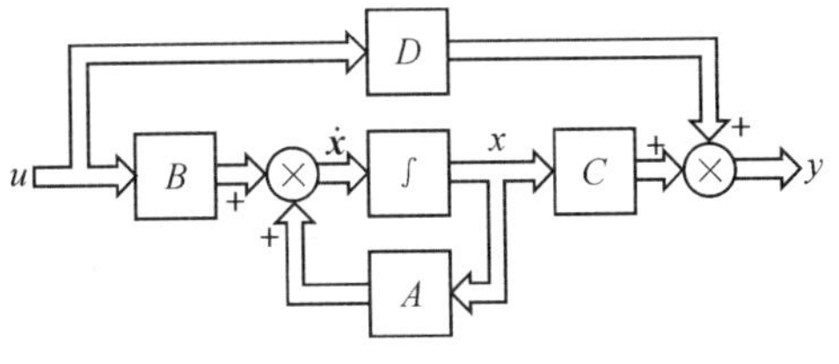

图 2－4　线性定常系统的模拟结构图

第三节　状态空间表达式的建立

对于线性系统，可先选择好状态变量，再根据系统的物理或化学等机理直接建立其状态空间表达式，也可根据已有的系统输入输出数学模型建立状态空间表达式。由输入输出描述确定状态空间表达式的问题称为实现问题。

一、根据系统的物理机理建立状态空间表达式

常见的控制系统有电气、机械、机电、液压和热力学等系统，它们对应的物理定律有基尔霍夫定律、牛顿定律和能量守恒定律等。根据这些物理机理可建立系统的状态方程，当系统的输出指定后，也很容易写出系统的输出方程。

建立状态空间表达式首先要根据物理机理列出系统的微分方程组，然后选取状态变量，最后整理出状态方程和输出方程。可以选择系统中储能元件的输出物理量作为状态变量，也可以选择系统的输出及其各阶导数作为状态变量。

例 2－2 试针对图 2－5 所示 RLC 网络列写以流过电阻 R_2 的电流 i_2 为输出的状态空间表达式。

解 由基尔霍夫定律可列出网络回路和节点方程为

$$\left.\begin{array}{l} R_1 i_1 + L_1 \dfrac{di_1}{dt} + u_C = u_r \\ -u_C + L_2 \dfrac{di_2}{dt} + R_2 i_2 = 0 \\ -i_1 + i_2 + C\dfrac{du_C}{dt} = 0 \end{array}\right\} \qquad (2-10)$$

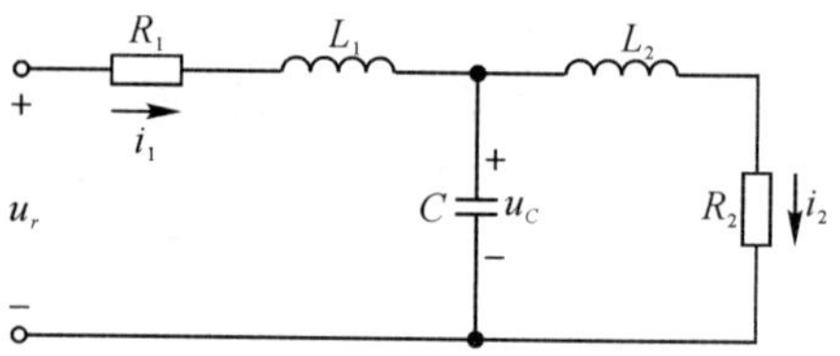

图 2－5 RLC 网络

选择系统的储能元件电感 L_1，L_2 和电容 C 上的 i_1，i_2 和 u_C 等物理变量为状态变量，即 $x_1=i_1$，$x_2=i_2$ 和 $x_3=u_C$。把状态变量 x_1，x_2，x_3 代入式(2－10)，令输入 $u=u_r$，整理后得

$$\begin{bmatrix} \dot{x}_1 \\ \dot{x}_2 \\ \dot{x}_3 \end{bmatrix} = \begin{bmatrix} -\dfrac{R_1}{L_1} & 0 & -\dfrac{1}{L_1} \\ 0 & -\dfrac{R_2}{L_2} & \dfrac{1}{L_2} \\ \dfrac{1}{C} & -\dfrac{1}{C} & 0 \end{bmatrix} \begin{bmatrix} x_1 \\ x_2 \\ x_3 \end{bmatrix} + \begin{bmatrix} \dfrac{1}{L_1} \\ 0 \\ 0 \end{bmatrix} u$$

因指定 i_2 为输出，故输出方程为

$$y = \begin{bmatrix} 0 & 1 & 0 \end{bmatrix} \begin{bmatrix} x_1 \\ x_2 \\ x_3 \end{bmatrix}$$

状态空间表达式可以简写为

$$\left.\begin{array}{l} \dot{\boldsymbol{x}} = \boldsymbol{A}\boldsymbol{x} + \boldsymbol{B}u \\ y = \boldsymbol{C}\boldsymbol{x} \end{array}\right\}$$

其中，

$$\dot{\boldsymbol{x}} = \begin{bmatrix} \dot{x}_1 \\ \dot{x}_2 \\ \dot{x}_3 \end{bmatrix}, \quad \boldsymbol{x} = \begin{bmatrix} x_1 \\ x_2 \\ x_3 \end{bmatrix} \quad \boldsymbol{A} = \begin{bmatrix} -\dfrac{R_1}{L_1} & 0 & -\dfrac{1}{L_1} \\ 0 & -\dfrac{R_2}{L_2} & \dfrac{1}{L_2} \\ \dfrac{1}{C} & -\dfrac{1}{C} & 0 \end{bmatrix}$$

$$\boldsymbol{B}=\begin{bmatrix}\dfrac{1}{L_1}\\0\\0\end{bmatrix},\ \boldsymbol{C}=[0\quad 1\quad 0]$$

例 2-3　已知弹簧、质量块和阻尼器机械位移系统见图 2-6。其中，m 为物体质量，k 为弹性系数，f 为阻尼系数，F 为外作用力，输出为位移 y。试列写系统的状态空间表达式。

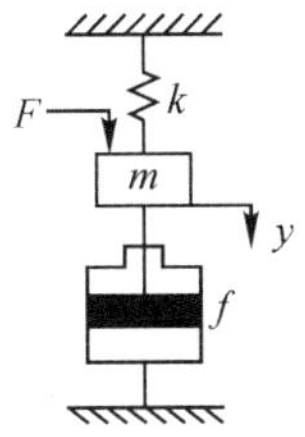

图 2-6　弹簧、质量块和阻尼器机械位移系统

解　由牛顿第二定律有

$$m\frac{\mathrm{d}^2y}{\mathrm{d}t^2}=F-F_1-F_2 \tag{2-11}$$

其中，$F_1=f\mathrm{d}y/\mathrm{d}t$，为阻尼器的作用力，其方向与运动方向相反，大小与运动速度呈正比例；$F_2=ky$，为弹簧的弹力，其方向与运动方向相反，大小与位移呈正比例。整理后可得系统的微分方程为

$$m\frac{\mathrm{d}^2y}{\mathrm{d}t^2}+f\frac{\mathrm{d}y}{\mathrm{d}t}+ky=F \tag{2-12}$$

取质量块的位移和速度为状态变量，即 $x_1=y$，$x_2=\dot{x}_1$，输入 $u=F$，代入式(2-12)后可得

$$m\dot{x}_2+fx_2+kx_1=u$$

整理后可得状态空间表达式为

$$\left.\begin{aligned}\begin{bmatrix}\dot{x}_1\\\dot{x}_2\end{bmatrix}&=\begin{bmatrix}0&1\\-\dfrac{k}{m}&-\dfrac{f}{m}\end{bmatrix}\begin{bmatrix}x_1\\x_2\end{bmatrix}+\begin{bmatrix}0\\\dfrac{1}{m}\end{bmatrix}u\\y&=[1\quad 0]\begin{bmatrix}x_1\\x_2\end{bmatrix}\end{aligned}\right\}$$

二、根据系统的微分方程建立状态空间表达式

如果事先已经得到系统的微分方程模型，则可以通过数学变换的方法建立系统的状态空间表达式。系统的微分方程是经典控制中常用的数学模型，主要描述系统的输入输出关系，不涉及系统内部，是对系统的外部描述。系统的状态空间表达式属于对系统的内部描述，转换时选择不同的状态变量，可以得到不同形式的状态空间表达式。

1. 微分方程右边不含导数项的情况

设系统的微分方程为

$$y^{(n)}+a_{n-1}y^{(n-1)}+\cdots+a_1\dot{y}+a_0y=b_0u \tag{2-13}$$

这种情况下可选择如下的状态变量：

$$\left.\begin{aligned} x_1 &= y \\ x_2 &= \dot{y} \\ &\vdots \\ x_n &= y^{(n-1)} \end{aligned}\right\} \tag{2-14}$$

为了得到每个状态变量的一阶导数表达式，将式(2-14)两边对时间 t 求导，有

$$\left.\begin{aligned} \dot{x}_1 &= \dot{y} \\ \dot{x}_2 &= \ddot{y} \\ &\vdots \\ \dot{x}_n &= y^{(n)} \end{aligned}\right\} \tag{2-15}$$

将式(2-13)和式(2-14)代入式(2-15)，整理后得状态方程为

$$\left.\begin{aligned} \dot{x}_1 &= x_2 \\ \dot{x}_2 &= x_3 \\ &\vdots \\ \dot{x}_n &= -a_0x_1 - a_1x_2 \cdots - a_{n-1}x_n + b_0u \end{aligned}\right\}$$

进一步整理得到矩阵形式：

$$\begin{bmatrix} \dot{x}_1 \\ \dot{x}_2 \\ \vdots \\ \dot{x}_n \end{bmatrix} = \begin{bmatrix} 0 & 1 & 0 & \cdots & 0 \\ 0 & 0 & 1 & \cdots & 0 \\ \vdots & \vdots & \vdots & & \vdots \\ 0 & 0 & 0 & \cdots & 1 \\ -a_0 & -a_1 & -a_2 & \cdots & -a_{n-1} \end{bmatrix} \begin{bmatrix} x_1 \\ x_2 \\ \vdots \\ x_n \end{bmatrix} + \begin{bmatrix} 0 \\ \vdots \\ 0 \\ b_0 \end{bmatrix} u \tag{2-16}$$

指定 y 为输出，输出方程为

$$y = x_1$$

写成矩阵形式为

$$y = [1 \quad 0 \quad \cdots \quad 0] \begin{bmatrix} x_1 \\ x_2 \\ \vdots \\ x_n \end{bmatrix} \tag{2-17}$$

综上，状态空间表达式为

$$\left.\begin{aligned} \dot{\boldsymbol{x}} &= \boldsymbol{Ax} + \boldsymbol{b}u \\ y &= \boldsymbol{cx} \end{aligned}\right\}$$

其中，

$$\dot{\boldsymbol{x}} = \begin{bmatrix} \dot{x}_1 \\ \dot{x}_2 \\ \vdots \\ \dot{x}_n \end{bmatrix}, \ \boldsymbol{x} = \begin{bmatrix} x_1 \\ x_2 \\ \vdots \\ x_n \end{bmatrix}, \ \boldsymbol{A} = \begin{bmatrix} 0 & 1 & 0 & \cdots & 0 \\ 0 & 0 & 1 & \cdots & 0 \\ \vdots & \vdots & \vdots & & \vdots \\ 0 & 0 & 0 & \cdots & 1 \\ -a_0 & -a_1 & -a_2 & \cdots & -a_{n-1} \end{bmatrix}, \ \boldsymbol{b} = \begin{bmatrix} 0 \\ \vdots \\ 0 \\ b_0 \end{bmatrix}, \ \boldsymbol{c} = [1 \quad 0 \quad \cdots \quad 0]$$

系统的模拟结构图如图 2-7 所示。

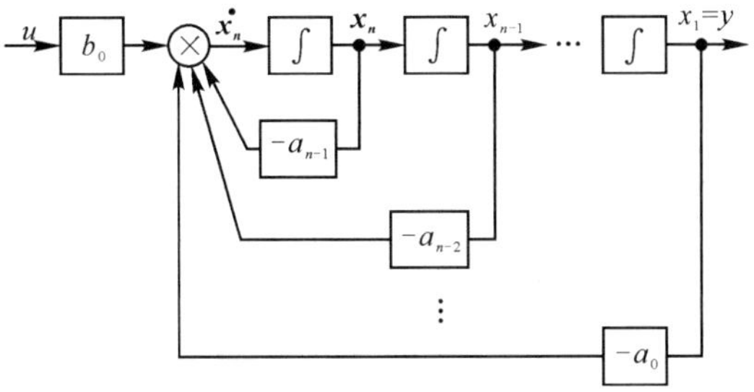

图 2-7　微分方程右边不含导数项的系统模拟结构图

例 2-4　已知系统的微分方程为

$$\dddot{y}+6\ddot{y}+41\dot{y}+7y=6u$$

试列写系统的状态方程和输出方程。

解　选取如下状态变量：

$$\left.\begin{aligned}x_1&=y\\x_2&=\dot{y}\\x_3&=\ddot{y}\end{aligned}\right\}$$

对照式(2-16)可得系统状态方程为

$$\begin{bmatrix}\dot{x}_1\\\dot{x}_2\\\dot{x}_3\end{bmatrix}=\begin{bmatrix}0&1&0\\0&0&1\\-7&-41&-6\end{bmatrix}\begin{bmatrix}x_1\\x_2\\x_3\end{bmatrix}+\begin{bmatrix}0\\0\\6\end{bmatrix}u$$

对照式(2-17)可得系统输出方程为

$$y=\begin{bmatrix}1&0&0\end{bmatrix}\begin{bmatrix}x_1\\x_2\\x_3\end{bmatrix}$$

2. 微分方程右边含导数项的情况

设系统的微分方程为

$$y^{(n)}+a_{n-1}y^{(n-1)}+\cdots+a_1\dot{y}+a_0y=b_nu^{(n)}+b_{n-1}u^{(n-1)}+\cdots+b_1\dot{u}+b_0u \qquad (2-18)$$

对照式(2-16)和式(2-17)，可得系统的状态空间表达式为

$$\left.\begin{aligned}&\begin{bmatrix}\dot{x}_1\\\dot{x}_2\\\vdots\\\dot{x}_{n-1}\\\dot{x}_n\end{bmatrix}=\begin{bmatrix}0&1&0&\cdots&0\\0&0&1&\cdots&0\\\vdots&\vdots&\vdots&&\vdots\\0&0&0&\cdots&1\\-a_0&-a_1&-a_2&\cdots&-a_{n-1}\end{bmatrix}\begin{bmatrix}x_1\\x_2\\\vdots\\x_{n-1}\\x_n\end{bmatrix}+\begin{bmatrix}&&\mathbf{0}&\\\\b_n&b_{n-1}&\cdots&b_1&b_0\end{bmatrix}\begin{bmatrix}u^{(n)}\\u^{(n-1)}\\\vdots\\\dot{u}\\u\end{bmatrix}\\&y=\begin{bmatrix}1&0&\cdots&0\end{bmatrix}\begin{bmatrix}x_1\\x_2\\\vdots\\x_n\end{bmatrix}\end{aligned}\right\}\qquad(2-19)$$

但这样的状态方程不符合输入无高阶微分项的要求，必须进行转化。式(2-19)对应的模拟结构图如图2-8所示。

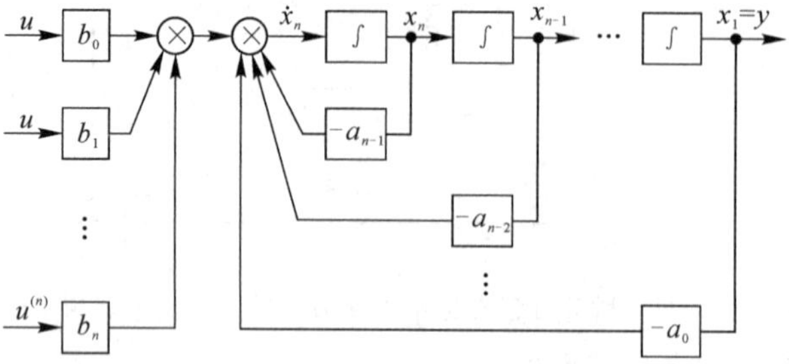

图2-8 微分方程右边含导数项的系统模拟结构图

将图2-8和图2-7进行比较，可以看出，如果将输入的各阶导数项降阶后转化成输入 u，即可列写出系统的状态空间表达式。通过结构图变换可以将输入的各个高次项转化成输入 u，如图2-9所示。

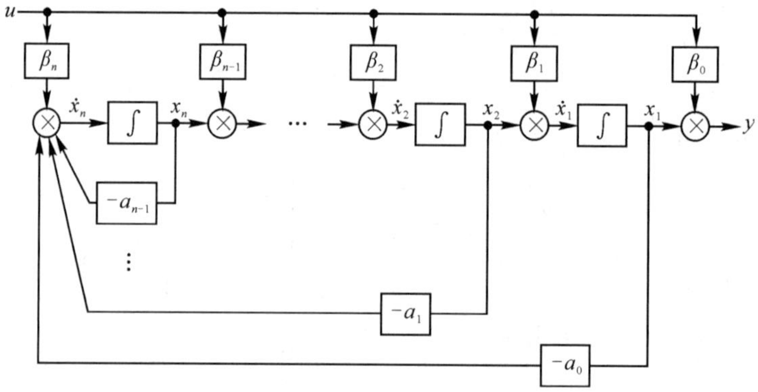

图2-9 变换后的系统模拟结构图

依据图2-9得到的状态空间表达式为

$$\left.\begin{aligned}&\begin{bmatrix}\dot{x}_1\\\dot{x}_2\\\vdots\\\dot{x}_{n-1}\\\dot{x}_n\end{bmatrix}=\begin{bmatrix}0&1&0&\cdots&0\\0&0&1&\cdots&0\\\vdots&\vdots&\vdots&&\vdots\\0&0&0&\cdots&1\\-a_0&-a_1&-a_2&\cdots&-a_{n-1}\end{bmatrix}\begin{bmatrix}x_1\\x_2\\\vdots\\x_{n-1}\\x_n\end{bmatrix}+\begin{bmatrix}\beta_1\\\beta_2\\\vdots\\\beta_{n-1}\\\beta_n\end{bmatrix}u\\&y=\begin{bmatrix}1&0&\cdots&0\end{bmatrix}\begin{bmatrix}x_1\\x_2\\\vdots\\x_n\end{bmatrix}+\beta_0u\end{aligned}\right\}\tag{2-20}$$

现在的问题是，如何确定待定系数 β_0，β_1，…，β_n。由图2-9可得

$$\left.\begin{aligned}&x_1=y-\beta_0u\\&x_2=\dot{x}_1-\beta_1u=\dot{y}-\beta_0\dot{u}-\beta_1u\\&\vdots\\&x_n=\dot{x}_{n-1}-\beta_{n-1}u=y^{(n-1)}-\beta_0u^{(n-1)}-\beta_1u^{(n-2)}-\cdots-\beta_{n-2}\dot{u}-\beta_{n-1}u\end{aligned}\right\}\tag{2-21}$$

令 $x_{n+1}=\dot{x}_n-\beta_n u=y^{(n)}-\beta_0 u^{(n)}-\beta_1 u^{(n-1)}-\cdots-\beta_{n-1}\dot{u}-\beta_n u$，将式(2-21)两边同乘以相应的系数，并移项整理得

$$\left.\begin{aligned}&a_0 y=a_0 x_1+a_0\beta_0 u\\&a_1\dot{y}=a_1 x_2+a_1\beta_0\dot{u}+a_1\beta_1 u\\&\quad\vdots\\&a_{n-1}y^{(n-1)}=a_{n-1}x_n+a_{n-1}\beta_0 u^{(n-1)}+a_{n-1}\beta_1 u^{(n-2)}+\cdots+a_{n-1}\beta_{n-2}\dot{u}+a_{n-1}\beta_{n-1}u\\&y^{(n)}=x_{n+1}+\beta_0 u^{(n)}+\beta_1 u^{(n-1)}+\cdots+\beta_{n-1}\dot{u}+\beta_n u\end{aligned}\right\}\tag{2-22}$$

将式(2-22)各项相加得

$$\begin{aligned}y^{(n)}+a_{n-1}y^{(n-1)}+\cdots+a_1\dot{y}+a_0 y=&(a_0 x_1+a_1 x_2+\cdots+a_{n-1}x_n+x_{n+1})\\&+\beta_0 u^{(n)}+(a_{n-1}\beta_0+\beta_1)u^{(n-1)}\\&+(a_{n-1}\beta_1+a_{n-2}\beta_0+\beta_2)u^{(n-2)}+\cdots\\&+(a_{n-1}\beta_{n-2}+\cdots+a_2\beta_1+a_1\beta_0+\beta_{n-1})\dot{u}\\&+(a_{n-1}\beta_{n-1}+\cdots+a_1\beta_1+a_0\beta_0+\beta_n)u\end{aligned}\tag{2-23}$$

令 $a_0 x_1+a_1 x_2+\cdots+a_{n-1}x_n+x_{n+1}=0$，对比式(2-23)与式(2-18)可得

$$\left.\begin{aligned}&\beta_0=b_n\\&\beta_1=b_{n-1}-a_{n-1}\beta_0\\&\beta_2=b_{n-2}-a_{n-1}\beta_1-a_{n-2}\beta_0\\&\quad\vdots\\&\beta_n=b_0-a_{n-1}\beta_{n-1}-\cdots-a_1\beta_1-a_0\beta_0\end{aligned}\right\}\tag{2-24}$$

为了方便记忆，可将式(2-24)写成矩阵形式：

$$\begin{bmatrix}b_n\\b_{n-1}\\\vdots\\b_1\\b_0\end{bmatrix}=\begin{bmatrix}1&&&&\\a_{n-1}&1&&&\\\vdots&\vdots&\ddots&&\\a_1&a_2&\cdots&1&\\a_0&a_1&\cdots&a_{n-1}&1\end{bmatrix}\begin{bmatrix}\beta_0\\\beta_1\\\vdots\\\beta_{n-1}\\\beta_n\end{bmatrix}\tag{2-25}$$

例 2-5　设系统的微分方程为

$$\dddot{y}+28\ddot{y}+196\dot{y}+740y=360\dot{u}+440u$$

试列写系统的状态空间表达式。

解　按照式(2-24)可得

$$\left.\begin{aligned}&\beta_0=b_3=0\\&\beta_1=b_2-a_2\beta_0=0\\&\beta_2=b_1-a_2\beta_1-a_1\beta_0=360\\&\beta_3=b_0-a_2\beta_2-a_1\beta_1-a_0\beta_0=440-28\times360=-9640\end{aligned}\right\}$$

于是系统的状态空间表达式为

$$\left.\begin{aligned}&\begin{bmatrix}\dot{x}_1\\\dot{x}_2\\\dot{x}_3\end{bmatrix}=\begin{bmatrix}0&1&0\\0&0&1\\-740&-196&-28\end{bmatrix}\begin{bmatrix}x_1\\x_2\\x_3\end{bmatrix}+\begin{bmatrix}0\\360\\-9640\end{bmatrix}u\\&y=[1\quad0\quad0]\begin{bmatrix}x_1\\x_2\\x_3\end{bmatrix}\end{aligned}\right\}$$

3. 由微分方程直接写出状态空间表达式

在输入出现高阶导数项后，将微分方程转换成状态空间表达式较为复杂。现在介绍直接写出状态空间表达式的方法，分两种情况讨论。

1) $m\leqslant n$

系统对应的微分方程为

$$y^{(n)}+a_{n-1}y^{(n-1)}+\cdots+a_1\dot{y}+a_0y=b_mu^{(m)}+\cdots+b_1\dot{u}+b_0u \tag{2-26}$$

对应的状态空间表达式为

$$\left.\begin{aligned}\dot{\boldsymbol{x}}&=\begin{bmatrix}0&1&\cdots&0\\\vdots&\vdots&&\vdots\\0&0&\cdots&1\\-a_0&-a_1&\cdots&-a_{n-1}\end{bmatrix}\boldsymbol{x}+\begin{bmatrix}0\\\vdots\\0\\1\end{bmatrix}u\\y&=[b_0\ \cdots\ b_m\ 0\ \cdots\ 0]\boldsymbol{x}\end{aligned}\right\} \tag{2-27}$$

例 2-6 设系统的微分方程为

$$\dddot{y}+28\ddot{y}+196\dot{y}+740y=360\dot{u}+440u$$

试列写系统的状态空间表达式。

解 按照式(2-27)直接写出系统的状态空间表达式：

$$\left.\begin{aligned}\begin{bmatrix}\dot{x}_1\\\dot{x}_2\\\dot{x}_3\end{bmatrix}&=\begin{bmatrix}0&1&0\\0&0&1\\-740&-196&-28\end{bmatrix}\begin{bmatrix}x_1\\x_2\\x_3\end{bmatrix}+\begin{bmatrix}0\\0\\1\end{bmatrix}u\\y&=[440\ \ 360\ \ 0]\begin{bmatrix}x_1\\x_2\\x_3\end{bmatrix}\end{aligned}\right\}$$

2) $m=n$

系统对应的微分方程为

$$y^{(n)}+a_{n-1}y^{(n-1)}+\cdots+a_1\dot{y}+a_0y=b_nu^{(n)}+b_{n-1}u^{(n-1)}+\cdots+b_1\dot{u}+b_0u \tag{2-28}$$

对应的状态空间表达式为

$$\left.\begin{aligned}\dot{\boldsymbol{x}}&=\begin{bmatrix}0&1&\cdots&0\\\vdots&\vdots&&\vdots\\0&0&\cdots&1\\-a_0&-a_1&\cdots&-a_{n-1}\end{bmatrix}\boldsymbol{x}+\begin{bmatrix}0\\\vdots\\0\\1\end{bmatrix}u\\y&=[(b_0-b_na_0)\ \cdots\ (b_{n-1}-b_na_{n-1})]\boldsymbol{x}+b_nu\end{aligned}\right\} \tag{2-29}$$

例 2-7 设系统的微分方程为

$$\dddot{y}+28\ddot{y}+196\dot{y}+740y=4\ddot{u}+360\dot{u}+440u$$

试列写系统的状态空间表达式。

解 按照式(2-29)可写出系统的状态空间表达式：

$$\left.\begin{aligned}\begin{bmatrix}\dot{x}_1\\ \dot{x}_2\\ \dot{x}_3\end{bmatrix}&=\begin{bmatrix}0&1&0\\0&0&1\\-740&-196&-28\end{bmatrix}\begin{bmatrix}x_1\\x_2\\x_3\end{bmatrix}+\begin{bmatrix}0\\0\\1\end{bmatrix}u\\ y&=\begin{bmatrix}-2520&-424&-112\end{bmatrix}\begin{bmatrix}x_1\\x_2\\x_3\end{bmatrix}+4u\end{aligned}\right\}$$

三、根据系统的传递函数建立状态空间表达式

如果事先得到的是系统的传递函数模型，则可以通过数学变换的方法建立系统的状态空间表达式，这种方法也可以得到多种形式的状态空间表达式。

1. 直接分解方法

不失一般性，设系统的传递函数为

$$G(s)=\frac{b_n s^n+b_{n-1}s^{n-1}+\cdots+b_1 s+b_0}{s^n+a^{n-1}s^{n-1}+\cdots+a_1 s+a_0} \tag{2-30}$$

式(2－30)和式(2－28)表示的是同一个系统，对式(2－28)取拉氏变换然后按照传递函数的定义即可求得式(2－30)。因此，系统的状态空间表达式与式(2－29)相同，即

$$\left.\begin{aligned}\dot{\boldsymbol{x}}&=\begin{bmatrix}0&1&\cdots&0\\ \vdots&\vdots&&\vdots\\0&0&\cdots&1\\-a_0&-a_1&\cdots&-a_{n-1}\end{bmatrix}\boldsymbol{x}+\begin{bmatrix}0\\ \vdots\\0\\1\end{bmatrix}u\\ y&=\begin{bmatrix}(b_0-b_n a_0)&\cdots&(b_{n-1}-b_n a_{n-1})\end{bmatrix}\boldsymbol{x}+b_n u\end{aligned}\right\}$$

例 2－8 设系统的传递函数为

$$G(s)=\frac{4s^3+160s+720}{s^3+16s^2+194s+640}$$

试列写系统的状态空间表达式。

解 系统对应的微分方程为

$$\dddot{y}+16\ddot{y}+194\dot{y}+640y=4\dddot{u}+160\dot{u}+720u$$

按照式(2－29)可写出系统的状态空间表达式：

$$\left.\begin{aligned}\dot{\boldsymbol{x}}&=\begin{bmatrix}0&1&0\\0&0&1\\-a_0&-a_1&-a_2\end{bmatrix}\boldsymbol{x}+\begin{bmatrix}0\\0\\1\end{bmatrix}u\\ y&=\begin{bmatrix}(b_0-b_3 a_0)&(b_1-b_3 a_1)&(b_2-b_3 a_2)\end{bmatrix}\boldsymbol{x}+b_3 u\end{aligned}\right\}$$

代入参数计算得

$$b_0-b_3 a_0=720-4\times640=-1840$$

$$b_1-b_3 a_1=160-4\times194=-616$$

$$b_2-b_3 a_2=0-4\times16=-64$$

进一步得系统的状态空间表达式：

$$\left.\begin{aligned}\dot{\boldsymbol{x}}&=\begin{bmatrix}0&1&0\\0&0&1\\-640&-194&-16\end{bmatrix}\boldsymbol{x}+\begin{bmatrix}0\\0\\1\end{bmatrix}u\\y&=\begin{bmatrix}-1840&-616&-64\end{bmatrix}\boldsymbol{x}+4u\end{aligned}\right\}$$

2. 串联分解法

串联分解法是将高阶系统分解成多个一阶子系统相乘的形式，然后列写出系统的状态空间表达式的方法。

1）一阶系统串联分解

设包含一对零极点的一阶系统的传递函数为

$$G(s)=\frac{Y(s)}{U(s)}=\frac{s+z}{s+p}=1+(z-p)\frac{1}{s+p}$$

针对系统的子环节$(s+p)^{-1}$，设输入为u，输出为x，则其传递函数为

$$\frac{X(s)}{U(s)}=\frac{1}{s+p}$$

整理得$sX(s)=-pX(s)+U(s)$，在初始状态为零的条件下取拉氏反变换有$\dot{x}=-px+u$，以此可得子环节$(s+p)^{-1}$的模拟结构图如图 2-10 所示。

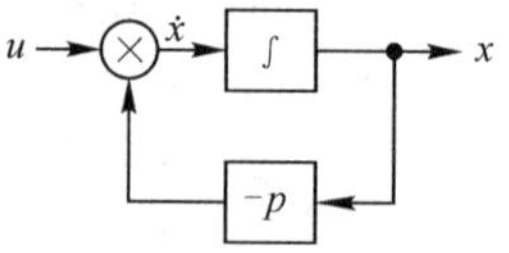

图 2-10 子环节$(s+p)^{-1}$模拟结构图

一阶系统对应的模拟结构图如图 2-11 所示，对应的状态空间表达式为

$$\left.\begin{aligned}\dot{x}&=-px+u\\y&=(z-p)x+u\end{aligned}\right\}$$

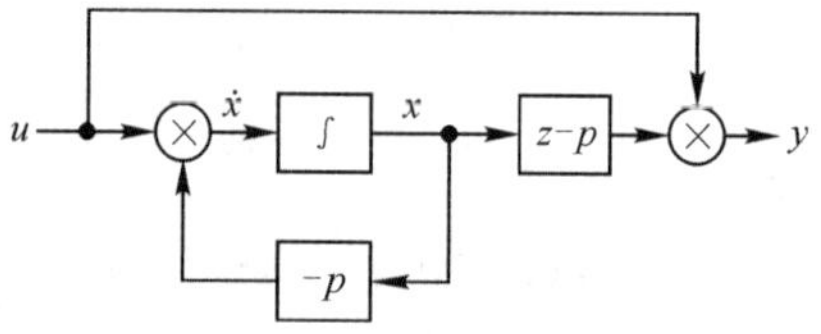

图 2-11 一阶系统模拟结构图

2）二阶系统串联分解

设包含两对零极点的二阶系统的传递函数为

$$G(s)=\frac{Y(s)}{U(s)}=k\frac{s+z_1}{s+p_1}\cdot\frac{s+z_2}{s+p_2}\tag{2-31a}$$

参照图 2-11，可得二阶系统的模拟结构图如图 2-12 所示。

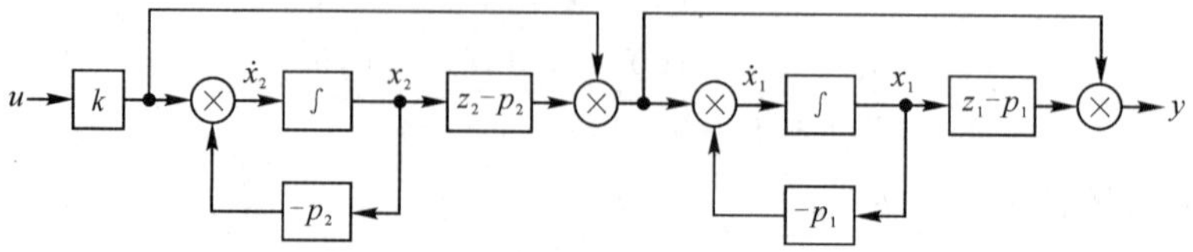

图 2-12 二阶系统的模拟结构图

依据图 2-12，可得二阶系统的状态空间表达式为

$$\left.\begin{aligned}\begin{bmatrix}\dot{x}_1\\ \dot{x}_2\end{bmatrix}&=\begin{bmatrix}-p_1 & z_2-p_2\\ 0 & -p_2\end{bmatrix}\begin{bmatrix}x_1\\ x_2\end{bmatrix}+\begin{bmatrix}k\\ k\end{bmatrix}u\\ y&=[(z_1-p_1)\quad (z_2-p_2)]\begin{bmatrix}x_1\\ x_2\end{bmatrix}+ku\end{aligned}\right\}\tag{2-31b}$$

例 2-9 设系统的传递函数为

$$G(s)=4\times\frac{s+1}{s+3}\cdot\frac{s+2}{s+4}$$

试列写系统的状态空间表达式。

解 按照式(2-31b)可写出系统的状态空间表达式：

$$\left.\begin{aligned}\begin{bmatrix}\dot{x}_1\\ \dot{x}_2\end{bmatrix}&=\begin{bmatrix}-3 & -2\\ 0 & -4\end{bmatrix}\begin{bmatrix}x_1\\ x_2\end{bmatrix}+\begin{bmatrix}4\\ 4\end{bmatrix}u\\ y&=[-2\quad -2]\begin{bmatrix}x_1\\ x_2\end{bmatrix}+4u\end{aligned}\right\}$$

3. 并联分解法

并联分解法是将高阶系统分解成多个一阶子系统相加的形式，然后列写出系统的状态空间表达式的方法。下面以二阶系统为例分析并联分解法。

1) 二阶系统的并联分解法

设二阶系统的传递函数为

$$G(s)=\frac{Y(s)}{U(s)}=\frac{k_1}{s+p_1}+\frac{k_2}{s+p_2}\tag{2-32a}$$

二阶系统对应的模拟结构图如图 2-13 所示。

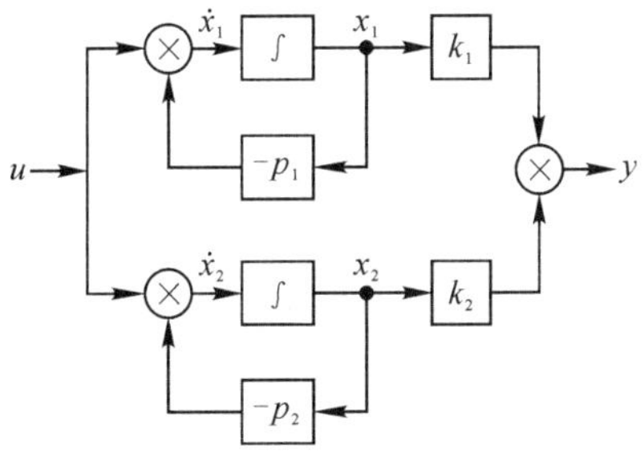

图 2-13 二阶系统的模拟结构图

二阶系统的状态空间表达式为

$$\left.\begin{aligned}\begin{bmatrix}\dot{x}_1\\ \dot{x}_2\end{bmatrix}&=\begin{bmatrix}-p_1 & 0\\ 0 & -p_2\end{bmatrix}\begin{bmatrix}x_1\\ x_2\end{bmatrix}+\begin{bmatrix}1\\ 1\end{bmatrix}u\\ y&=[k_1\quad k_2]\begin{bmatrix}x_1\\ x_2\end{bmatrix}\end{aligned}\right\}\tag{2-32b}$$

例 2-10 设系统的传递函数为

$$G(s)=\frac{1}{s+3}-\frac{2}{s+4}$$

试列写系统的状态空间表达式。

解 按照式(2-32)可写出系统的状态空间表达式：

$$\left.\begin{aligned}\begin{bmatrix}\dot{x}_1\\ \dot{x}_2\end{bmatrix}&=\begin{bmatrix}-3 & 0\\ 0 & -4\end{bmatrix}\begin{bmatrix}x_1\\ x_2\end{bmatrix}+\begin{bmatrix}1\\ 1\end{bmatrix}u\\ y&=\begin{bmatrix}1 & -2\end{bmatrix}\begin{bmatrix}x_1\\ x_2\end{bmatrix}\end{aligned}\right\}$$

例 2-11 设系统的传递函数为

$$G(s)=\frac{s+3}{(s+1)(s+2)}$$

试列写系统的状态空间表达式。

解 将传递函数分解成如下形式：

$$G(s)=\frac{k_1}{s+1}+\frac{k_2}{s+2}$$

系数可按下式确定：

$$k_i=\lim_{s\to -p_i}G(s)\cdot(s+p_i),\ i=1,\ 2 \tag{2-33}$$

式中，$-p_i$ 为第 i 个极点。于是得

$$\left.\begin{aligned}k_1&=\lim_{s\to -p_1}G(s)\cdot(s+p_1)=\lim_{s\to -1}=\frac{s+3}{(s+1)(s+2)}(s+1)=2\\ k_2&=\lim_{s\to -p_2}G(s)\cdot(s+p_2)=\lim_{s\to -2}=\frac{s+3}{(s+1)(s+2)}(s+2)=-1\end{aligned}\right\}$$

故有

$$G(s)=\frac{s+3}{(s+1)(s+2)}=\frac{2}{s+1}-\frac{1}{s+2}$$

对照式(2-32)可得系统的状态空间表达式：

$$\left.\begin{aligned}\begin{bmatrix}\dot{x}_1\\ \dot{x}_2\end{bmatrix}&=\begin{bmatrix}-1 & 0\\ 0 & -2\end{bmatrix}\begin{bmatrix}x_1\\ x_2\end{bmatrix}+\begin{bmatrix}1\\ 1\end{bmatrix}u\\ y&=\begin{bmatrix}2 & -1\end{bmatrix}\begin{bmatrix}x_1\\ x_2\end{bmatrix}\end{aligned}\right\}$$

2) 有重根时二阶系统的并联分解法

设有重根的二阶系统的传递函数为

$$G(s)=\frac{Y(s)}{U(s)}=\frac{k_{11}}{(s+p_1)^2}+\frac{k_{12}}{(s+p_1)} \tag{2-34a}$$

其模拟结构图如图 2-14 所示。

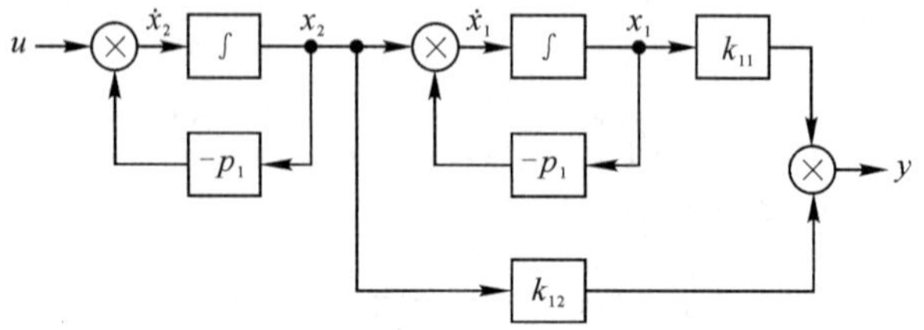

图 2-14 有重根时二阶系统的模拟结构图

对应的状态空间表达式为

$$\left.\begin{aligned}\begin{bmatrix}\dot{x}_1\\ \dot{x}_2\end{bmatrix}&=\begin{bmatrix}-p_1 & 1\\ 0 & -p_1\end{bmatrix}\begin{bmatrix}x_1\\ x_2\end{bmatrix}+\begin{bmatrix}0\\ 1\end{bmatrix}u\\ y&=\begin{bmatrix}k_{11} & k_{12}\end{bmatrix}\begin{bmatrix}x_1\\ x_2\end{bmatrix}\end{aligned}\right\}\qquad(2-34\text{b})$$

例 2-12　设系统的传递函数为

$$G(s)=\frac{5s+1}{(s+1)(s+2)^2}$$

试列写系统的状态空间表达式。

解　将传递函数分解成如下形式：

$$G(s)=\frac{k_1}{s+1}+\frac{k_{21}}{(s+2)^2}+\frac{k_{22}}{s+2}$$

系数 k_1 可按式(2-33)确定为

$$k_1=\lim_{s\to -p_1}G(s)\cdot(s+p_1)=\lim_{s\to -1}=\frac{5s+1}{(s+1)(s+2)^2}(s+1)=-4$$

系数 k_{21}、k_{22}可按下式确定：

$$k_{2i}=\lim_{s\to -p_2}\frac{1}{(i-1)!}\frac{\mathrm{d}^{i-1}}{\mathrm{d}s^{i-1}}[G(s)\cdot(s+p)^2],\ i=1,\ 2\qquad(2-35)$$

于是得

$$\left.\begin{aligned}k_{21}&=\lim_{s\to -p_2}G(s)\cdot(s+p_2)^2=\lim_{s\to -2}\frac{5s+1}{(s+1)(s+2)^2}(s+2)^2=9\\ k_{22}&=\lim_{s\to -p_2}\frac{\mathrm{d}}{\mathrm{d}s}[G(s)\cdot(s+p_2)^2]=\lim_{s\to -2}\frac{\mathrm{d}}{\mathrm{d}s}\left(\frac{5s+1}{s+1}\right)=-4\lim_{s\to -2}\frac{-1}{(s+1)^2}=4\end{aligned}\right\}$$

故有

$$G(s)=\frac{5s+1}{(s+1)(s+2)^2}=\frac{-4}{s+1}+\frac{9}{(s+2)^2}+\frac{4}{s+2}$$

对照式(2-32)和式(2-34)可得系统的状态空间表达式为

$$\left.\begin{aligned}\begin{bmatrix}\dot{x}_1\\ \dot{x}_2\\ \dot{x}_3\end{bmatrix}&=\begin{bmatrix}-1 & 0 & 0\\ 0 & -2 & 1\\ 0 & 0 & -2\end{bmatrix}\begin{bmatrix}x_1\\ x_2\\ x_3\end{bmatrix}+\begin{bmatrix}1\\ 0\\ 1\end{bmatrix}u\\ y&=\begin{bmatrix}-4 & -9 & 4\end{bmatrix}\begin{bmatrix}x_1\\ x_2\\ x_3\end{bmatrix}\end{aligned}\right\}$$

重根次数高于二阶的系统可以参照二重根系统的分解方法完成并联分解。

四、根据系统的结构图导出状态空间表达式

如果事先得到的模型是系统的结构图，则可以通过结构图变换的方法建立系统的状态空间表达式。同一个系统不同形式的结构图将对应不同形式的状态空间表达式。下面介绍两种由系统结构图导出状态空间表达式的方法。

1. 规范结构图法

所谓规范结构图是指各组成环节的传递函数均为一阶惯性环节和比例环节。规范结构图法首先将给定结构图变换为规范结构图，然后指定状态变量并列写各组成环节的输入输出关系，最后整理出系统的状态空间表达式。

例 2－13 设系统的结构图如图 2－15 所示，试列写系统的状态空间表达式。

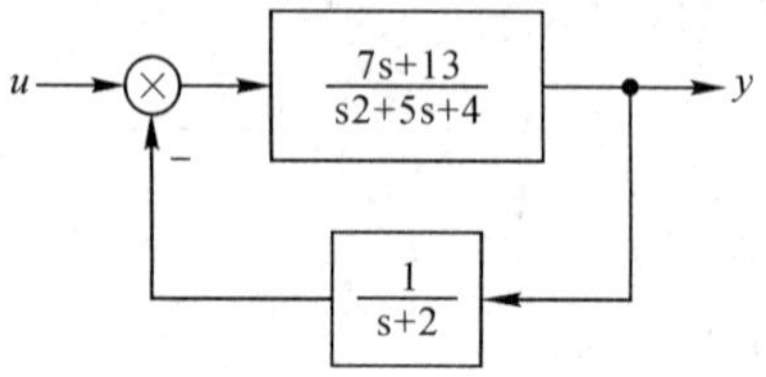

图 2－15 系统结构图

解 (1) 化给定方块图为规范化方块图。

将其中二阶惯性环节变换成两个一阶惯性环节之和，有

$$\frac{7s+13}{s^2+5s+4}=\frac{5}{s+4}+\frac{2}{s+1}$$

系统对应的规范化结构图如图 2－16 所示。

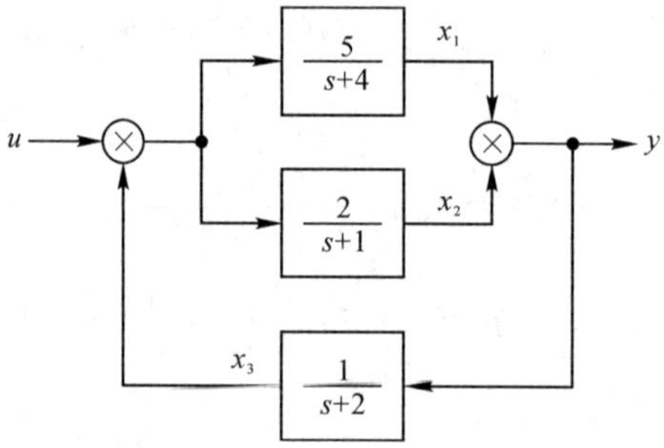

图 2－16 系统的规范化结构图

(2) 对规范化结构图指定状态变量。

基本原则是取一阶惯性环节的输出为状态变量，如图中 x_1、x_2、x_3。

围绕一阶惯性环节和求和环节，根据输入输出关系列写出相应关系方程组：

$$\left.\begin{aligned}X_1(s)&=\frac{5}{s+4}[U(s)-X_3(s)]\\X_2(s)&=\frac{2}{s+1}[U(s)-X_3(s)]\\X_3(s)&=\frac{1}{s+2}[X_1(s)+X_2(s)]\\Y(s)&=X_1(s)+X_2(s)\end{aligned}\right\}\tag{2-36}$$

(3) 整理式(2－36)并取拉氏反变换得系统的状态方程和输出方程：

$$\left.\begin{aligned}sX_1(s)&=-4X_1(s)-5X_3(s)+5U(s)\\sX_2(s)&=-X_2(s)-2X_3(s)+2U(s)\\sX_3(s)&=X_1(s)+X_2(s)-2X_3(s)\\Y(s)&=X_1(s)+X_2(s)\end{aligned}\right\}\Rightarrow\left.\begin{aligned}\dot{x}_1&=-4x_1-5x_3+5u\\\dot{x}_2&=-x_2-2x_3+2u\\\dot{x}_3&=x_1+x_2-2x_3\\y&=x_1+x_2\end{aligned}\right\}$$

写成矩阵形式的系统状态空间表达式为

$$\left.\begin{aligned}\begin{bmatrix}\dot{x}_1\\\dot{x}_2\\\dot{x}_3\end{bmatrix}&=\begin{bmatrix}-4&0&-5\\0&-1&-2\\1&1&-2\end{bmatrix}\begin{bmatrix}x_1\\x_2\\x_3\end{bmatrix}+\begin{bmatrix}5\\2\\0\end{bmatrix}u\\ y&=\begin{bmatrix}1&1&0\end{bmatrix}\begin{bmatrix}x_1\\x_2\\x_3\end{bmatrix}\end{aligned}\right\}$$

2. 直接列写法

直接列写法首先在给定的系统结构图上选取状态变量，然后根据各个环节的输入输出关系列写出相应关系的方程组，最后整理出系统的状态空间表达式。

例 2-14　某飞机自动驾驶仪控制系统结构图如图 2-17 所示，选取图中的 x_1、x_2、x_3 作为状态变量，试写出自动驾驶仪控制系统的状态空间表达式。

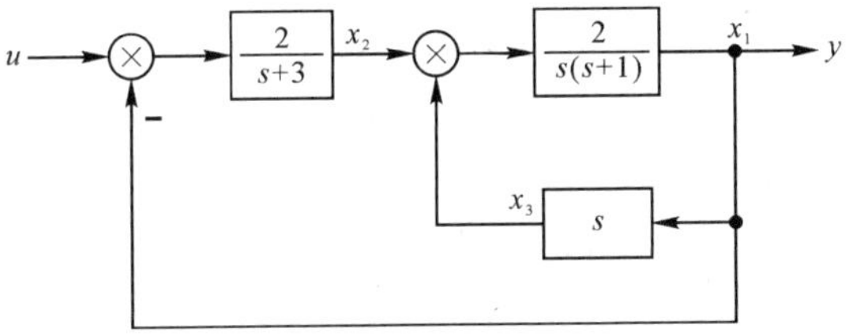

图 2-17　某飞机自动驾驶仪控制系统结构图

解　由于系统状态变量已经指定，因此可直接列写出各个环节的输入输出关系：

$$\left.\begin{aligned}&X_2(s)(s+3)=2[U(s)-X_1(s)]\\&X_1(s)(s^2+s)=2[X_2(s)+X_3(s)]\\&X_3(s)=X_1(s)s\end{aligned}\right\}$$

取拉氏反变换并整理得

$$\left.\begin{aligned}&\dot{x}_2+3x_2=2u-2x_1\\&\ddot{x}_1+\dot{x}_1=2x_2+2x_3\\&x_3=\dot{x}_1\end{aligned}\right\}\Rightarrow\left.\begin{aligned}&\dot{x}_1=x_3\\&\dot{x}_2=-2x_1-3x_2+2u\\&\dot{x}_3=2x_2+x_3\end{aligned}\right\}$$

矩阵形式的系统状态空间表达式为

$$\left.\begin{aligned}\dot{\boldsymbol{x}}&=\begin{bmatrix}0&0&1\\-2&-3&0\\0&2&1\end{bmatrix}\boldsymbol{x}+\begin{bmatrix}0\\2\\0\end{bmatrix}u\\ y&=\begin{bmatrix}1&0&0\end{bmatrix}\boldsymbol{x}\end{aligned}\right\}$$

第四节　线性变换及特征值标准型

一、状态空间的线性变换

1. 状态空间表达式的非唯一性

对于同一个系统来说，选取的状态变量不同，建立的状态空间表达式的形式就不一样，也就是说，系统的状态空间表达式具有非唯一性。

事实上，如果对系统状态进行非奇异变换，就可以得到另一组状态变量，从而对应另一种状态空间表达式，该过程可通过线性变换来描述。

设系统状态空间表达式为

$$\left.\begin{aligned}\dot{\boldsymbol{x}}&=\boldsymbol{A}\boldsymbol{x}+\boldsymbol{B}\boldsymbol{u}\\ \boldsymbol{y}&=\boldsymbol{C}\boldsymbol{x}+\boldsymbol{D}\boldsymbol{u}\end{aligned}\right\}\tag{2-37}$$

选取线性变换 $\boldsymbol{x}=\boldsymbol{P}\hat{\boldsymbol{x}}$，其中 $\boldsymbol{P}$ 为非奇异变换矩阵，代入式(2-37)得

$$\left.\begin{aligned}\dot{\hat{\boldsymbol{x}}}&=\boldsymbol{P}^{-1}\boldsymbol{A}\boldsymbol{P}\hat{\boldsymbol{x}}+\boldsymbol{P}^{-1}\hat{\boldsymbol{B}}\boldsymbol{u}\\ \boldsymbol{y}&=\boldsymbol{C}\boldsymbol{P}\hat{\boldsymbol{x}}+\boldsymbol{D}\boldsymbol{u}\end{aligned}\right\}$$

令

$$\hat{\boldsymbol{A}}=\boldsymbol{P}^{-1}\boldsymbol{A}\boldsymbol{P},\ \hat{\boldsymbol{B}}=\boldsymbol{P}^{-1}\boldsymbol{B},\ \hat{\boldsymbol{C}}=\boldsymbol{C}\boldsymbol{P}$$

则有

$$\left.\begin{aligned}\dot{\hat{\boldsymbol{x}}}&=\hat{\boldsymbol{A}}\hat{\boldsymbol{x}}+\hat{\boldsymbol{B}}\boldsymbol{u}\\ \boldsymbol{y}&=\hat{\boldsymbol{C}}\hat{\boldsymbol{x}}+\boldsymbol{D}\boldsymbol{u}\end{aligned}\right\}$$

状态 $\hat{\boldsymbol{x}}$ 对应的状态空间表达式与原状态 $\boldsymbol{x}$ 对应的状态空间表达式明显不同，因此，只要选取不同的 $\boldsymbol{P}$，就可以得到不同的状态空间表达式。

例 2-15 考虑如下系统：

$$\left.\begin{aligned}\dot{\boldsymbol{x}}&=\begin{bmatrix}0&1&-1\\-6&-11&6\\-6&-11&5\end{bmatrix}\boldsymbol{x}+\begin{bmatrix}0\\0\\1\end{bmatrix}\boldsymbol{u}\\ \boldsymbol{y}&=\begin{bmatrix}1&0&0\end{bmatrix}\boldsymbol{x}\end{aligned}\right\}$$

选取线性变换 $\boldsymbol{x}=\boldsymbol{P}\hat{\boldsymbol{x}}$

$$\boldsymbol{P}=\begin{bmatrix}1&1&1\\0&2&6\\1&4&9\end{bmatrix}$$

可以将系统的状态空间表达式变换为

$$\left.\begin{aligned}\dot{\hat{\boldsymbol{x}}}&=\begin{bmatrix}-1&0&0\\0&-2&0\\0&0&-3\end{bmatrix}\hat{\boldsymbol{x}}+\begin{bmatrix}-2\\3\\-1\end{bmatrix}\boldsymbol{u}\\ \boldsymbol{y}&=\begin{bmatrix}1&1&1\end{bmatrix}\hat{\boldsymbol{x}}\end{aligned}\right\}$$

式中，转换矩阵 $\boldsymbol{P}$ 是由系统矩阵 $\boldsymbol{A}$ 的特征向量构成的非奇异变换矩阵。$\boldsymbol{P}$ 的求取涉及系统的特征向量、特征值和特征多项式。

2. 系统的特征值和特征向量

定义 2-9 对于式(2-37)的系统，其特征多项式为 $\det(s\boldsymbol{I}-\boldsymbol{A})$，表达式为

$$\det(s\boldsymbol{I}-\boldsymbol{A})=s^n+a_{n-1}s^{n-1}+\cdots+a_1s+a_0$$

式中，系数 a_0，a_1，…，a_n 为系统的不变量。

定义 2-10 系统的特征方程定义为 $\det(s\boldsymbol{I}-\boldsymbol{A})=0$，表达形式为

$$s^n+a_{n-1}s^{n-1}+\cdots+a_1s+a_0=0$$

定义 2-11　系统的特征值指的是系统特征方程的解。

当系统矩阵具有如下相伴矩阵(也称友矩阵)的形式时

$$\boldsymbol{A}=\begin{bmatrix}0 & 1 & 0 & \cdots & 0\\ 0 & 0 & 1 & \cdots & 0\\ \vdots & \vdots & \vdots & & \vdots\\ 0 & 0 & 0 & \cdots & 1\\ -a_0 & -a_1 & -a_2 & \cdots & -a_{n-1}\end{bmatrix}$$

则可以根据相伴矩阵的最后一行直接得到系统的不变量。

定理 2-1　虽然系统的状态空间表达式可以有不同的形式，但系统的不变量与特征值具有不变性，即系统经非奇异变换后，其特征多项式是不变的，显然系统的特征值也是不变的。可以通过以下推导方式来验证。

设 λ 为 $\boldsymbol{A}$ 的特征值，则有

$$\begin{aligned}|\lambda\boldsymbol{I}-\hat{\boldsymbol{A}}|&=|\lambda\boldsymbol{I}-\boldsymbol{P}^{-1}\boldsymbol{A}\boldsymbol{P}|=|\lambda\boldsymbol{P}^{-1}\boldsymbol{P}-\boldsymbol{P}^{-1}\boldsymbol{A}\boldsymbol{P}|=|\boldsymbol{P}^{-1}\lambda\boldsymbol{P}-\boldsymbol{P}^{-1}\boldsymbol{A}\boldsymbol{P}|\\&=|\boldsymbol{P}^{-1}(\lambda\boldsymbol{I}-\boldsymbol{A})\boldsymbol{P}|=|\boldsymbol{P}^{-1}|\,|\lambda\boldsymbol{I}-\boldsymbol{A}|\,|\boldsymbol{P}|=|\boldsymbol{P}^{-1}\boldsymbol{P}|\,|\lambda\boldsymbol{I}-\boldsymbol{A}|\\&=|\lambda\boldsymbol{I}-\boldsymbol{A}|=\lambda^n+a_{n-1}\lambda^{n-1}+\cdots+a_1\lambda+a_0\end{aligned}$$

定义 2-12　系统的特征向量。对于式(2-37)的系统矩阵 $\boldsymbol{A}$，若有

$$\boldsymbol{A}\boldsymbol{v}=\lambda\boldsymbol{v}$$

则称 $\boldsymbol{v}$ 为 $\boldsymbol{A}$ 特征值λ对应的特征向量。值得注意的是特征向量具有不唯一性。

例 2-16　已知系统矩阵 $\boldsymbol{A}$ 为

$$\boldsymbol{A}=\begin{bmatrix}0 & 1 & -1\\ -6 & -11 & 6\\ -6 & -11 & 5\end{bmatrix}$$

试计算 $\boldsymbol{A}$ 的特征向量。

解　先计算 $\boldsymbol{A}$ 的特征值：

$$\det(\lambda\boldsymbol{I}-\boldsymbol{A})=\begin{vmatrix}\lambda & -1 & 1\\ 6 & \lambda+11 & -6\\ 6 & 11 & \lambda-5\end{vmatrix}=\lambda^3+6\lambda^2+11\lambda+6=0$$

解特征方程可得

$$\lambda_1=-1,\ \lambda_2=-2,\ \lambda_3=-3$$

计算每个特征值对应的特征向量，设特征向量为

$$\boldsymbol{v}_1=\begin{bmatrix}v_{11}\\ v_{21}\\ v_{31}\end{bmatrix},\ \boldsymbol{v}_2=\begin{bmatrix}v_{21}\\ v_{22}\\ v_{23}\end{bmatrix},\ \boldsymbol{v}_3=\begin{bmatrix}v_{31}\\ v_{32}\\ v_{33}\end{bmatrix}$$

根据特征向量的定义 $\boldsymbol{A}\boldsymbol{v}_1=\lambda_1\boldsymbol{v}_1$，有

$$\begin{bmatrix}0 & 1 & -1\\ -6 & -11 & 6\\ -6 & -11 & 5\end{bmatrix}\begin{bmatrix}v_{11}\\ v_{21}\\ v_{31}\end{bmatrix}=\begin{bmatrix}-v_{11}\\ -v_{21}\\ -v_{31}\end{bmatrix}$$

解得

$$v_1=\begin{bmatrix}1\\0\\1\end{bmatrix}$$

值得注意的是，特征向量 v_1 的选取不是唯一的，这是因为求取 v_1 的微分方程组不是满秩的，v_1 的选取可以有无穷多个，只是上述的选择比较简单而已。

同理可求得

$$v_2=\begin{bmatrix}1\\2\\4\end{bmatrix},\quad v_3=\begin{bmatrix}1\\6\\9\end{bmatrix}$$

定义 2-13 广义特征向量。当 A 的特征值λ出现重根时，则重根只对应一个特征向量。这时可以将重根λ对应的特征向量扩展为广义特征向量。

假设 λ 为 m 重根特征根，则其对应的特征向量及广义特征向量为

$$\left.\begin{aligned}(\lambda I-A)v_1&=0\\(\lambda I-A)v_2&=-v_1\\&\vdots\\(\lambda I-A)v_m&=-v_{m-1}\end{aligned}\right\}$$

式中，v_1 为 λ 对应的特征向量，v_2，v_3，…，v_m 是由 v_1 扩充的广义特征向量。

二、状态空间表达式变换为对角线标准型

定义 2-14 对角线标准型。当系统矩阵为对角线标准型时，称这时的状态空间表达式为对角线标准型。

定理 2-2 考虑如下系统：

$$\left.\begin{aligned}\dot{x}&=Ax+Bu\\y&=Cx\end{aligned}\right\}\tag{2-38}$$

如果系统矩阵 A 不是对角线矩阵，且其特征值互异，则可以通过非奇异变换 $x=P\hat{x}$ 或 $\hat{x}=P^{-1}x$ 将系统变换为如下对角线标准型：

$$\left.\begin{aligned}\dot{\hat{x}}&=\hat{A}\hat{x}+\hat{B}u\\y&=\hat{C}\hat{x}\end{aligned}\right\}\tag{2-39}$$

其中，

$$\hat{A}=P^{-1}AP=\begin{bmatrix}\lambda_1&&&\\&\lambda_2&&\\&&\ddots&\\&&&\lambda_n\end{bmatrix},\ \hat{B}=P^{-1}B,\ \hat{C}=CP$$

变换阵 P 由特征值 λ_1，λ_2，…，λ_n 对应的特征向量 v_1，v_2，…，v_n 构成，且

$$P=[v_1\quad v_2\quad\cdots\quad v_n]$$

系统矩阵 $\hat{\boldsymbol{A}}$为对角线型的推导过程为

$$\hat{\boldsymbol{A}}=\boldsymbol{P}^{-1}\boldsymbol{A}\boldsymbol{P}=\boldsymbol{P}^{-1}\boldsymbol{A}[\boldsymbol{v}_1\quad \boldsymbol{v}_2\quad \cdots\quad \boldsymbol{v}_n]=\boldsymbol{P}^{-1}[\lambda_1\boldsymbol{v}_1\quad \lambda_2\boldsymbol{v}_2\quad \cdots\quad \lambda_n\boldsymbol{v}_n]$$

$$=\boldsymbol{P}^{-1}[\boldsymbol{v}_1\quad \boldsymbol{v}_2\quad \cdots\quad \boldsymbol{v}_n]\begin{bmatrix}\lambda_1 & & & \\ & \lambda_2 & & \\ & & \ddots & \\ & & & \lambda_n\end{bmatrix}$$

$$=\boldsymbol{P}^{-1}\boldsymbol{P}\begin{bmatrix}\lambda_1 & & & \\ & \lambda_2 & & \\ & & \ddots & \\ & & & \lambda_n\end{bmatrix}=\begin{bmatrix}\lambda_1 & & & \\ & \lambda_2 & & \\ & & \ddots & \\ & & & \lambda_n\end{bmatrix}$$

变换为对角线标准型的计算步骤为：

(1) 计算 $\boldsymbol{A}$ 的特征值；

(2) 计算 $\boldsymbol{A}$ 的特征向量；

(3) 构造 $\boldsymbol{P}$，并计算 $\boldsymbol{P}^{-1}$；

(4) 计算 $\hat{\boldsymbol{A}}$、$\hat{\boldsymbol{B}}$、$\hat{\boldsymbol{C}}$。

例 2-17　已知系统的状态方程为

$$\dot{\boldsymbol{x}}=\begin{bmatrix}0 & 1 & 0\\ 0 & 0 & 1\\ -6 & -11 & -6\end{bmatrix}\boldsymbol{x}+\begin{bmatrix}1\\ 2\\ 3\end{bmatrix}\boldsymbol{u}$$

求系统的对角线标准型。

解　先计算 $\boldsymbol{A}$ 的特征值。系统的特征方程为

$$\det(\lambda\boldsymbol{I}-\boldsymbol{A})=\begin{vmatrix}\lambda & -1 & 1\\ 0 & \lambda & -1\\ 6 & 11 & \lambda+6\end{vmatrix}=\lambda^3+6\lambda^2+11\lambda+6=0$$

解特征方程可得

$$\lambda_1=-1,\ \lambda_2=-2,\ \lambda_3=-3$$

再计算 $\boldsymbol{A}$ 的特征向量。设特征向量为

$$\boldsymbol{v}_1=\begin{bmatrix}v_{11}\\ v_{21}\\ v_{31}\end{bmatrix},\ \boldsymbol{v}_2=\begin{bmatrix}v_{21}\\ v_{22}\\ v_{23}\end{bmatrix},\ \boldsymbol{v}_3=\begin{bmatrix}v_{31}\\ v_{32}\\ v_{33}\end{bmatrix}$$

根据特征向量的定义 $\boldsymbol{A}\boldsymbol{v}_1=\lambda_1\boldsymbol{v}_1$，有

$$\begin{bmatrix}0 & 1 & 0\\ 0 & 0 & 1\\ -6 & -11 & -6\end{bmatrix}\begin{bmatrix}v_{11}\\ v_{21}\\ v_{31}\end{bmatrix}=\begin{bmatrix}-v_{11}\\ -v_{21}\\ -v_{31}\end{bmatrix}$$

解得

$$\boldsymbol{v}_1=\begin{bmatrix}1\\ -1\\ 1\end{bmatrix}$$

同理可求得

$$\boldsymbol{v}_2=\begin{bmatrix}1\\-2\\4\end{bmatrix},\quad \boldsymbol{v}_3=\begin{bmatrix}1\\-3\\9\end{bmatrix}$$

用特征向量合成变换矩阵 $\boldsymbol{P}$，并计算 $\boldsymbol{P}^{-1}$ 得

$$\boldsymbol{P}=\begin{bmatrix}1&1&1\\-1&-2&-3\\1&4&9\end{bmatrix},\ \boldsymbol{P}^{-1}=\frac{1}{2}\begin{bmatrix}6&5&1\\-6&-8&-2\\2&3&1\end{bmatrix}$$

最后计算 $\hat{\boldsymbol{A}}$、$\hat{\boldsymbol{b}}$。对角线标准型的系统矩阵可以直接写出，只需要计算输入输出矩阵。

$$\hat{\boldsymbol{A}}=\begin{bmatrix}\lambda_1&0&0\\0&\lambda_2&0\\0&0&\lambda_3\end{bmatrix}=\begin{bmatrix}-1&0&0\\0&-2&0\\0&0&-3\end{bmatrix}$$

$$\hat{\boldsymbol{b}}=\boldsymbol{P}^{-1}\boldsymbol{b}=\frac{1}{2}\begin{bmatrix}6&5&1\\-6&-8&-2\\2&3&1\end{bmatrix}\begin{bmatrix}1\\2\\3\end{bmatrix}=\begin{bmatrix}2\\-2\\1\end{bmatrix}$$

系统的对角线标准型为

$$\dot{\boldsymbol{x}}=\begin{bmatrix}-1&0&0\\0&-2&0\\0&0&-3\end{bmatrix}\boldsymbol{x}+\begin{bmatrix}2\\-2\\1\end{bmatrix}\boldsymbol{u}$$

可以看出，当系统阶数增加时，计算 $\boldsymbol{P}^{-1}$ 的工作量将大大增加，可用 MATLAB 编程辅助计算。对 $\boldsymbol{P}$ 矩阵求逆的应用程序示例。

在 Command Window 中执行以下命令：

```
>>P=[1, 1, 1; -1, -2, -3; 1, 4, 9];     %定义矩阵P
>>inv(P)                                 %对矩阵P求逆
```

运行结果为

```
ans=
     3.0000      2.5000      0.5000
    -3.0000     -4.0000     -1.0000
     1.0000      1.5000      0.5000
```

当系统矩阵 $\boldsymbol{A}$ 的特征值互异且具有友矩阵形式时，其变换阵 $\boldsymbol{P}$ 是一个范德蒙矩阵。

$$\boldsymbol{A}=\begin{bmatrix}0&1&0&\cdots&0\\0&0&1&\cdots&0\\\vdots&\vdots&\vdots&&\vdots\\0&0&0&\cdots&1\\-a_0&-a_1&-a_2&\cdots&-a_{n-1}\end{bmatrix}\Rightarrow\boldsymbol{P}=\begin{bmatrix}1&1&1&\cdots&1\\\lambda_1&\lambda_2&\lambda_3&\cdots&\lambda_n\\\lambda_1^2&\lambda_2^2&\lambda_3^2&\cdots&\lambda_n^2\\\vdots&\vdots&\vdots&&\vdots\\\lambda_1^{n-1}&\lambda_2^{n-1}&\lambda_3^{n-1}&\cdots&\lambda_n^{n-1}\end{bmatrix}$$

例 2-18 已知系统矩阵为

$$\boldsymbol{A}=\begin{bmatrix}0&1&0\\0&0&1\\-6&-11&-6\end{bmatrix}$$

求 $\boldsymbol{A}$ 的对角线标准型并计算变换矩阵 $\boldsymbol{P}$。

解 先计算 $\boldsymbol{A}$ 的特征值。系统的特征方程为

$$\det(\lambda \boldsymbol{I}-\boldsymbol{A})=\begin{vmatrix}\lambda & -1 & 0\\ 0 & \lambda & -1\\ 6 & 11 & \lambda+6\end{vmatrix}=(\lambda+1)(\lambda+2)(\lambda+3)$$

解特征方程可得

$$\lambda_1=-1,\ \lambda_2=-2,\ \lambda_3=-3$$

于是有

$$\boldsymbol{A}=\begin{bmatrix}-1 & 0 & 0\\ 0 & -2 & 0\\ 0 & 0 & -3\end{bmatrix},\quad \boldsymbol{P}=\begin{bmatrix}1 & 1 & 1\\ -1 & -2 & -3\\ 1 & 4 & 9\end{bmatrix}$$

另一种求变换矩阵 $\boldsymbol{P}$ 的方法可表示为

$$\hat{\boldsymbol{A}}=\boldsymbol{P}^{-1}\boldsymbol{A}\boldsymbol{P}\quad\Rightarrow\quad \boldsymbol{P}\hat{\boldsymbol{A}}=\boldsymbol{A}\boldsymbol{P}$$

例 2-19 变换下列状态方程为对角线标准型

$$\dot{\boldsymbol{x}}=\begin{bmatrix}2 & -1 & -1\\ 0 & -1 & 0\\ 0 & 2 & 1\end{bmatrix}\boldsymbol{x}+\begin{bmatrix}7\\ 2\\ 1\end{bmatrix}u$$

$$y=\begin{bmatrix}1 & 0 & 0\end{bmatrix}\boldsymbol{x}$$

解 先计算 $\boldsymbol{A}$ 的特征值。系统的特征方程为

$$\det(\lambda \boldsymbol{I}-\boldsymbol{A})=\begin{vmatrix}\lambda-2 & 1 & 1\\ 0 & \lambda+1 & 0\\ 0 & -2 & \lambda-1\end{vmatrix}=(\lambda-2)(\lambda+1)(\lambda-1)=0$$

解特征方程可得

$$\lambda_1=2,\ \lambda_2=-1,\ \lambda_3=1$$

再计算变换矩阵 $\boldsymbol{P}$，由 $\boldsymbol{P}\hat{\boldsymbol{A}}=\boldsymbol{A}\boldsymbol{P}$ 得

$$\begin{bmatrix}P_{11} & P_{12} & P_{13}\\ P_{21} & P_{22} & P_{23}\\ P_{31} & P_{32} & P_{33}\end{bmatrix}\begin{bmatrix}2 & 0 & 0\\ 0 & -1 & 0\\ 0 & 0 & 1\end{bmatrix}=\begin{bmatrix}2 & -1 & -1\\ 0 & -1 & 0\\ 0 & 2 & 1\end{bmatrix}\begin{bmatrix}P_{11} & P_{12} & P_{13}\\ P_{21} & P_{22} & P_{23}\\ P_{31} & P_{32} & P_{33}\end{bmatrix}$$

解得

$$\boldsymbol{P}=\begin{bmatrix}1 & 0 & 1\\ 0 & 1 & 0\\ 0 & -1 & 1\end{bmatrix},\ \boldsymbol{P}^{-1}=\begin{bmatrix}1 & -1 & -1\\ 0 & 1 & 0\\ 0 & 1 & 1\end{bmatrix}$$

于是

$$\hat{\boldsymbol{b}}=\boldsymbol{P}^{-1}\boldsymbol{b}=\begin{bmatrix}1 & -1 & -1\\ 0 & 1 & 0\\ 0 & 1 & 1\end{bmatrix}\begin{bmatrix}7\\ 2\\ 1\end{bmatrix}=\begin{bmatrix}4\\ 2\\ 3\end{bmatrix}$$

$$\hat{\boldsymbol{c}}=\boldsymbol{c}\boldsymbol{P}=\begin{bmatrix}1 & 0 & 0\end{bmatrix}\begin{bmatrix}1 & 0 & 1\\ 0 & 1 & 0\\ 0 & -1 & -1\end{bmatrix}=\begin{bmatrix}1 & 0 & 1\end{bmatrix}$$

最后列写对角线标准型

$$\dot{\hat{x}}=\begin{bmatrix}2&0&0\\0&-1&0\\0&0&1\end{bmatrix}\hat{x}+\begin{bmatrix}4\\2\\3\end{bmatrix}u$$

$$y=\begin{bmatrix}1&0&1\end{bmatrix}\hat{x}$$

三、状态空间表达式变换为约当标准型

当系统矩阵 A 有重特征值时，可分为两种情况讨论。一是 A 虽有重特征值，但存在 n 个独立的特征向量，仍可变为对角线型。二是 A 有重特征值，同时独立特征向量个数小于 n，则 A 不能变换为对角线标准型，但可以变换为约当标准型。

1. 变换为对角线标准型

系统矩阵 A 虽有重特征值，但仍有 n 个独立的特征向量，可变为对角线型。

例 2-20 已知系统矩阵为

$$A=\begin{bmatrix}1&0&-1\\0&1&0\\0&0&2\end{bmatrix}$$

求 A 的对角线(约当)标准型。

解 先计算 A 的特征值。系统的特征方程：

$$\det(\lambda I-A)=\begin{vmatrix}\lambda-1&0&1\\0&\lambda-1&0\\0&0&\lambda-2\end{vmatrix}=(\lambda-1)^2(\lambda-2)$$

解特征方程可得

$$\lambda_1=1,\ \lambda_2=1,\ \lambda_3=2$$

再计算 A 的特征向量。由特征向量定义得

$$(\lambda_1 I-A)v_1=\begin{bmatrix}0&0&1\\0&0&0\\0&0&-1\end{bmatrix}\begin{bmatrix}v_{11}\\v_{21}\\v_{31}\end{bmatrix}=0$$

由于 $\lambda_1 I-A$ 的秩为 1，因此重特征值 $\lambda_1=\lambda_2=1$ 对应的特征向量有两个独立解，可取为

$$v_1=\begin{bmatrix}1\\0\\0\end{bmatrix},\ v_2=\begin{bmatrix}0\\1\\0\end{bmatrix}$$

特征值 $\lambda_3=2$ 对应的特征向量为

$$(\lambda_3 I-A)v_3=\begin{bmatrix}1&0&1\\0&1&0\\0&0&0\end{bmatrix}\begin{bmatrix}v_{31}\\v_{32}\\v_{33}\end{bmatrix}=0$$

解得

$$v_3=\begin{bmatrix}-1\\0\\1\end{bmatrix}$$

用特征向量合成变换矩阵 $\boldsymbol{P}$，并计算 $\boldsymbol{P}^{-1}$：

$$\boldsymbol{P}=\begin{bmatrix}1&0&-1\\0&1&0\\0&0&1\end{bmatrix},\ \boldsymbol{P}^{-1}=\begin{bmatrix}1&0&1\\0&1&0\\0&0&1\end{bmatrix}$$

最后写出系统矩阵 $\boldsymbol{A}$ 的对角线标准型。

$$\hat{\boldsymbol{A}}=\boldsymbol{P}^{-1}\boldsymbol{A}\boldsymbol{P}=\begin{bmatrix}1&0&1\\0&1&0\\0&0&1\end{bmatrix}\begin{bmatrix}1&0&-1\\0&1&0\\0&0&2\end{bmatrix}\begin{bmatrix}1&0&-1\\0&1&0\\0&0&1\end{bmatrix}=\begin{bmatrix}1&0&0\\0&1&0\\0&0&2\end{bmatrix}$$

事实上，$\hat{\boldsymbol{A}}$的值不用计算，可以按定义直接写出系统矩阵 $\boldsymbol{A}$ 的对角线标准型，即

$$\hat{\boldsymbol{A}}=\boldsymbol{P}^{-1}\boldsymbol{A}\boldsymbol{P}=\begin{bmatrix}\lambda_1&&\\&\lambda_2&\\&&\lambda_3\end{bmatrix}=\begin{bmatrix}1&0&0\\0&1&0\\0&0&2\end{bmatrix}$$

2. 变换为约当标准型

$\boldsymbol{A}$ 有重特征值，同时独立特征向量个数小于 n，这时 $\boldsymbol{A}$ 不能变换为对角线标准型，但可以变换为约当标准型。

定义 2-15 约当矩阵具有如下形式：

$$\widetilde{\boldsymbol{A}}=\begin{bmatrix}\widetilde{\boldsymbol{A}}_1&&&\\&\widetilde{\boldsymbol{A}}_2&&\\&&\ddots&\\&&&\widetilde{\boldsymbol{A}}_l\end{bmatrix}$$

约当矩阵中，对角线上的元素为约当块，形式如下：

$$\widetilde{\boldsymbol{A}}_i=\left.\begin{bmatrix}\lambda_i&1&&\\&\lambda_i&\ddots&\\&&\ddots&1\\&&&\lambda_i\end{bmatrix}\right\}m_i\quad(i=1,\ 2,\ \cdots,\ l)$$

式中，l 为约当块的个数。例如约当矩阵

$$\begin{bmatrix}-1&0&0\\0&-2&1\\0&0&-2\end{bmatrix}$$

其中，约当块有 2 个，分别是 -1 和 $\begin{bmatrix}-2&1\\0&-2\end{bmatrix}$。

约当矩阵可表示为

$$\begin{bmatrix}4&1&0&0&0\\0&4&0&0&0\\0&0&-3&1&0\\0&0&0&-3&1\\0&0&0&0&-3\end{bmatrix}$$

由两个约当块构成，即$\begin{bmatrix}4 & 1\\0 & 4\end{bmatrix}$和$\begin{bmatrix}-3 & 1 & 0\\0 & -3 & 1\\0 & 0 & -3\end{bmatrix}$。

定义 2-16 约当标准型。当系统矩阵为约当标准型时，称这时的状态空间表达式为约当标准型。

定理 2-3 考虑如下约当标准型：

$$\left.\begin{aligned}\dot{\tilde{\boldsymbol{x}}}&=\tilde{\boldsymbol{A}}\tilde{\boldsymbol{x}}+\tilde{\boldsymbol{B}}\boldsymbol{u}\\ \boldsymbol{y}&=\tilde{\boldsymbol{C}}\tilde{\boldsymbol{x}}\end{aligned}\right\}\tag{2-40}$$

其中，

$$\tilde{\boldsymbol{A}}=\boldsymbol{Q}^{-1}\boldsymbol{A}\boldsymbol{Q}=\begin{bmatrix}\tilde{\boldsymbol{A}}_1 & & & \\ & \tilde{\boldsymbol{A}}_2 & & \\ & & \ddots & \\ & & & \tilde{\boldsymbol{A}}_l\end{bmatrix},\ \tilde{\boldsymbol{B}}=\boldsymbol{Q}^{-1}\boldsymbol{B},\ \tilde{\boldsymbol{C}}=\boldsymbol{C}\boldsymbol{Q}$$

$$\boldsymbol{A}_i=\left.\begin{bmatrix}\lambda_i & 1 & & \\ & \lambda_i & \ddots & \\ & & \ddots & 1\\ & & & \lambda_i\end{bmatrix}\right\}m_i\quad(i=1,2,\cdots,l)$$

$$m_1+m_2+\cdots+m_l=n$$

变换阵 $\boldsymbol{Q}$ 由特征值λ_1，λ_2，…，λ_n中单根和重根对应的特征及广义特征向量$\boldsymbol{v}_1$，$\boldsymbol{v}_2$，…，$\boldsymbol{v}_n$构成，且

$$\boldsymbol{Q}=[\boldsymbol{v}_1\quad \boldsymbol{v}_2\quad \cdots\quad \boldsymbol{v}_n]$$

$\boldsymbol{Q}$ 阵的计算推导过程如下：

$$\tilde{\boldsymbol{A}}=\boldsymbol{Q}^{-1}\boldsymbol{A}\boldsymbol{Q}$$

$$\boldsymbol{Q}\tilde{\boldsymbol{A}}=\boldsymbol{A}\boldsymbol{Q}$$

$$[\boldsymbol{Q}_1\quad \boldsymbol{Q}_2\quad \cdots\quad \boldsymbol{Q}_l]\begin{bmatrix}\tilde{\boldsymbol{A}}_1 & & & \\ & \tilde{\boldsymbol{A}}_2 & & \\ & & \ddots & \\ & & & \tilde{\boldsymbol{A}}_l\end{bmatrix}=\boldsymbol{A}[\boldsymbol{Q}_1\quad \boldsymbol{Q}_2\quad \cdots\quad \boldsymbol{Q}_l]$$

$$[\boldsymbol{Q}_1\tilde{\boldsymbol{A}}_1\quad \boldsymbol{Q}_2\tilde{\boldsymbol{A}}_2\quad \cdots\quad \boldsymbol{Q}_l\tilde{\boldsymbol{A}}_l]=[\boldsymbol{A}\boldsymbol{Q}_1\quad \boldsymbol{A}\boldsymbol{Q}_2\quad \cdots\quad \boldsymbol{A}\boldsymbol{Q}_l]$$

$$\boldsymbol{Q}_1\tilde{\boldsymbol{A}}_1=\boldsymbol{A}\boldsymbol{Q}_1$$

$$\boldsymbol{Q}_2\tilde{\boldsymbol{A}}_2=\boldsymbol{A}\boldsymbol{Q}_2$$

$$\vdots$$

$$\boldsymbol{Q}_l\tilde{\boldsymbol{A}}=\boldsymbol{A}\boldsymbol{Q}_l$$

解方程组可得第 i 个约当块对应的矩阵方程为

$$[\boldsymbol{v}_{1i}\quad \boldsymbol{v}_{2i}\quad \cdots\quad \boldsymbol{v}_{m_ii}]\begin{bmatrix}\lambda_i & 1 & & \\ & \lambda_i & \ddots & \\ & & \ddots & 1\\ & & & \lambda_i\end{bmatrix}=\boldsymbol{A}[\boldsymbol{v}_{1i}\quad \boldsymbol{v}_{2i}\quad \cdots\quad \boldsymbol{v}_{m_ii}]$$

其中，

$$\widetilde{\boldsymbol{A}}_i=\begin{bmatrix}\lambda_i & 1 & & \\ & \lambda_i & \ddots & \\ & & \ddots & 1 \\ & & & \lambda_i\end{bmatrix}\Bigg\}m_i \quad (i=1,2,\cdots,l)$$

假设第 i 个约当块只对应 1 个独立的特征向量，则可扩展 m_i-1 个特征向量。

$$\left.\begin{array}{c}\lambda_i v_{1i}=\boldsymbol{A}v_{1i}\\ v_{1i}+\lambda_i v_{2i}=\boldsymbol{A}v_{2i}\\ \vdots\\ v_{(m_i-1)i}+\lambda_i v_{m_i i}=\boldsymbol{A}v_{m_i i}\end{array}\right\}\Rightarrow\left.\begin{array}{c}(\lambda_i\boldsymbol{I}-\boldsymbol{A})v_{1i}=0\\ (\lambda_i\boldsymbol{I}-\boldsymbol{A})v_{2i}=-v_{1i}\\ \vdots\\ (\lambda_i\boldsymbol{I}-\boldsymbol{A})v_{m_i i}=-v_{(m_i-1)i}\end{array}\right\}\quad(i=1,2,\cdots,l)$$

解得

$$\boldsymbol{v}_{1i},\ \boldsymbol{v}_{2i},\ \cdots,\ \boldsymbol{v}_{m_i i}$$

构造约当块对应的变换阵 $\boldsymbol{Q}_i$：

$$\boldsymbol{Q}_i=\begin{bmatrix}\boldsymbol{v}_{1i} & \boldsymbol{v}_{2i} & \cdots & \boldsymbol{v}_{m_i i}\end{bmatrix}$$

同理可求得

$$\boldsymbol{Q}_1,\ \boldsymbol{Q}_2,\ \cdots,\ \boldsymbol{Q}_l$$

于是有

$$\boldsymbol{Q}=[\boldsymbol{Q}_1\quad \boldsymbol{Q}_2\quad \cdots\quad \boldsymbol{Q}_l]=[\boldsymbol{v}_{11}\quad \boldsymbol{v}_{21}\quad \cdots\quad \boldsymbol{v}_{m1}\quad \boldsymbol{v}_{12}\quad \boldsymbol{v}_{22}\quad \cdots\quad \boldsymbol{v}_{m2}\quad \cdots\quad \boldsymbol{v}_{1l}\quad \boldsymbol{v}_{2l}\quad \cdots\quad \boldsymbol{v}_{ml}]$$

变换为约当标准型计算步骤为

(1) 计算 $\boldsymbol{A}$ 的特征值；

(2) 计算 $\boldsymbol{A}$ 的特征向量和广义特征向量；

(3) 构造 $\boldsymbol{Q}$，并计算 $\boldsymbol{Q}^{-1}$；

(4) 计算 $\widetilde{\boldsymbol{A}}$、$\widetilde{\boldsymbol{B}}$、$\widetilde{\boldsymbol{C}}$。

例 2-21 已知系统的状态方程为

$$\left.\begin{array}{l}\dot{\boldsymbol{x}}=\begin{bmatrix}0 & 1 & 0\\ 0 & 0 & 1\\ -2 & 5 & 4\end{bmatrix}\boldsymbol{x}+\begin{bmatrix}0\\0\\1\end{bmatrix}u\\ y=[2\quad 1\quad -1]\boldsymbol{x}\end{array}\right\}$$

求系统的状态方程的对角线(约当)标准型。

解 先计算 $\boldsymbol{A}$ 的特征值。系统的特征方程为

$$\det(\lambda\boldsymbol{I}-\boldsymbol{A})=\begin{vmatrix}\lambda & -1 & 0\\ 0 & \lambda & -1\\ -2 & 5 & \lambda-4\end{vmatrix}=(\lambda-1)^2(\lambda-2)$$

解特征方程可得

$$\lambda_1=1,\ \lambda_2=1,\ \lambda_3=2$$

再计算 $\boldsymbol{A}$ 的特征向量。由特征向量定义得

$$(\lambda_1\boldsymbol{I}-\boldsymbol{A})\boldsymbol{v}_1=\begin{bmatrix}1 & -1 & 0\\ 0 & 1 & -1\\ -2 & 5 & -3\end{bmatrix}\begin{bmatrix}v_{11}\\ v_{21}\\ v_{31}\end{bmatrix}=0$$

由于 $\lambda_1 \boldsymbol{I}-\boldsymbol{A}$ 的秩为 3，因此重特征值 $\lambda_1=\lambda_2=1$ 对应的独立特征向量只有一个，可表示为

$$\boldsymbol{v}_1=\begin{bmatrix}1\\1\\1\end{bmatrix}$$

构造广义特征向量为

$$(\lambda_1 \boldsymbol{I}-\boldsymbol{A})\boldsymbol{v}_2=\boldsymbol{v}_1$$

解得

$$\boldsymbol{v}_2=\begin{bmatrix}-1\\0\\1\end{bmatrix}$$

特征值 $\lambda_3=2$ 对应的特征向量为

$$(\lambda_3 \boldsymbol{I}-\boldsymbol{A})\boldsymbol{v}_3=\begin{bmatrix}1&0&1\\0&1&0\\0&0&0\end{bmatrix}\begin{bmatrix}v_{31}\\v_{32}\\v_{33}\end{bmatrix}=0$$

同理，可得

$$\boldsymbol{v}_3=\begin{bmatrix}1\\2\\4\end{bmatrix}$$

用特征向量合成变换矩阵 $\boldsymbol{Q}$，并计算 $\boldsymbol{Q}^{-1}$，$\tilde{\boldsymbol{b}}$，$\tilde{\boldsymbol{c}}$

$$\boldsymbol{Q}=\begin{bmatrix}1&-1&1\\1&0&2\\1&1&4\end{bmatrix},\ \boldsymbol{Q}^{-1}=\begin{bmatrix}-2&5&-2\\-2&3&-1\\1&-2&1\end{bmatrix}$$

矩阵求逆的应用程序如下。

在 Command Window 中执行以下命令：

```
>>Q=[1, -1, 1; 1, 0, 2; 1, 1, 4];    %定义矩阵 Q
>>inv(Q)                              %对矩阵 Q 求逆
```

运行结果为

```
ans=
    -2.0000     5.0000   -2.0000
    -2.0000     3.0000   -1.0000
     1.0000    -2.0000    1.0000
```

$$\tilde{\boldsymbol{b}}=\boldsymbol{Q}^{-1}\boldsymbol{b}=\begin{bmatrix}-2&5&-2\\-2&3&-1\\1&-2&1\end{bmatrix}\begin{bmatrix}0\\0\\1\end{bmatrix}=\begin{bmatrix}-2\\-1\\1\end{bmatrix}$$

$$\tilde{\boldsymbol{c}}=\boldsymbol{c}\boldsymbol{Q}[2\quad 1\quad -1]\begin{bmatrix}1&-1&1\\1&0&2\\1&1&4\end{bmatrix}=[2\quad -3\quad 0]$$

最后得到系统状态方程的约当标准型为

$$\left.\begin{aligned}\dot{\tilde{x}}&=\begin{bmatrix}1&1&0\\0&1&0\\0&0&2\end{bmatrix}\tilde{x}+\begin{bmatrix}-2\\-1\\1\end{bmatrix}u\\y&=\begin{bmatrix}2&-3&0\end{bmatrix}x\end{aligned}\right\}$$

第五节　组合系统的状态空间描述

组合系统是由一些子系统按一定规律连接构成的系统。在已知子系统的状态空间表达式下可以按照子系统的连接特点，直接计算建立组合系统的状态空间表达式。

一、并联连接方式

设子系统 Σ_1，Σ_2 分别为 n_1 维和 n_2 维，其状态空间表达式分别为

$$\Sigma_1:\quad\left.\begin{aligned}\dot{\boldsymbol{x}}_1&=\boldsymbol{A}_1\boldsymbol{x}_1+\boldsymbol{B}_1\boldsymbol{u}_1\\\boldsymbol{y}_1&=\boldsymbol{C}_1\boldsymbol{x}_1+\boldsymbol{D}_1\boldsymbol{u}_1\end{aligned}\right\}\tag{2-41}$$

$$\Sigma_2:\quad\left.\begin{aligned}\dot{\boldsymbol{x}}_2&=\boldsymbol{A}_2\boldsymbol{x}_2+\boldsymbol{B}_2\boldsymbol{u}_2\\\boldsymbol{y}_2&=\boldsymbol{C}_2\boldsymbol{x}_2+\boldsymbol{D}_2\boldsymbol{u}_2\end{aligned}\right\}\tag{2-42}$$

经并联连接后，构成组合系统 Σ，其模拟结构图如图 2－18 所示。

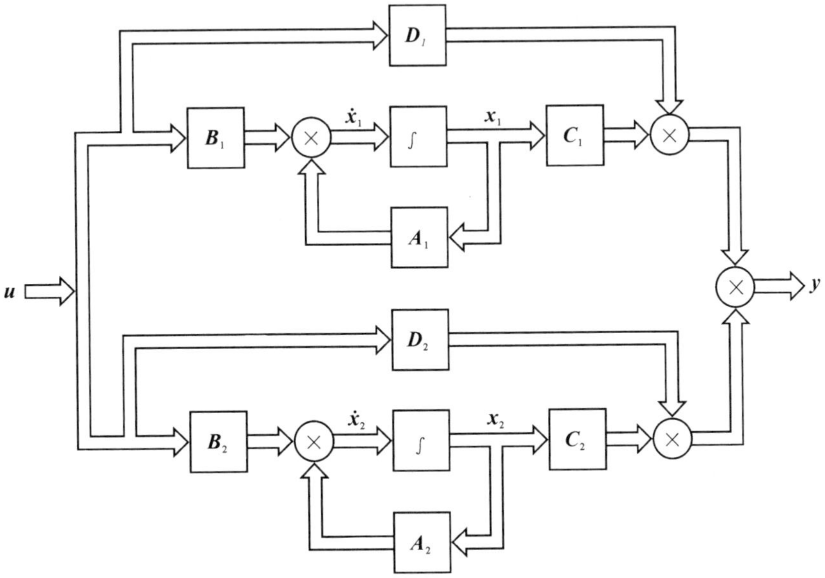

图 2－18　并联连接组合系统模拟结构图

由图 2－18 可知，$\boldsymbol{u}=\boldsymbol{u}_1=\boldsymbol{u}_2$，$\boldsymbol{y}=\boldsymbol{y}_1=\boldsymbol{y}_2$，则组合系统的状态空间表达式为

$$\left.\begin{aligned}\begin{bmatrix}\dot{\boldsymbol{x}}_1\\\dot{\boldsymbol{x}}_2\end{bmatrix}&=\begin{bmatrix}\boldsymbol{A}_1&\boldsymbol{0}\\\boldsymbol{0}&\boldsymbol{A}_2\end{bmatrix}\begin{bmatrix}\boldsymbol{x}_1\\\boldsymbol{x}_2\end{bmatrix}+\begin{bmatrix}\boldsymbol{B}_1\\\boldsymbol{B}_2\end{bmatrix}\boldsymbol{u}\\\boldsymbol{y}=\boldsymbol{C}_1\boldsymbol{x}_1+\boldsymbol{D}_1\boldsymbol{u}_1+\boldsymbol{C}_2\boldsymbol{x}_2+\boldsymbol{D}_2\boldsymbol{u}_2&=\begin{bmatrix}\boldsymbol{C}_1&\boldsymbol{C}_2\end{bmatrix}\begin{bmatrix}\boldsymbol{x}_1\\\boldsymbol{x}_2\end{bmatrix}+\begin{bmatrix}\boldsymbol{D}_1&\boldsymbol{D}_2\end{bmatrix}\boldsymbol{u}\end{aligned}\right\}\tag{2-43}$$

例 2-22 已知子系统 Σ_1、Σ_2 的状态空间表达式分别为

$$\Sigma_1:\left.\begin{aligned}\begin{bmatrix}\dot{x}_1\\ \dot{x}_2\end{bmatrix}&=\begin{bmatrix}0&1\\-2&-3\end{bmatrix}\begin{bmatrix}x_1\\x_2\end{bmatrix}+\begin{bmatrix}0\\1\end{bmatrix}u\\ y_1&=\begin{bmatrix}1&0\end{bmatrix}\begin{bmatrix}x_1\\x_2\end{bmatrix}\end{aligned}\right\},\quad \Sigma_2:\left.\begin{aligned}\begin{bmatrix}\dot{x}_3\\ \dot{x}_4\end{bmatrix}&=\begin{bmatrix}0&1\\-12&-7\end{bmatrix}\begin{bmatrix}x_3\\x_4\end{bmatrix}+\begin{bmatrix}0\\1\end{bmatrix}u\\ y_2&=\begin{bmatrix}2&1\end{bmatrix}\begin{bmatrix}x_3\\x_4\end{bmatrix}\end{aligned}\right\}$$

求子系统并联连接后，组合系统的状态空间表达式。

解 根据式(2-43)可得组合系统 Σ 的状态空间表达式为

$$\left.\begin{aligned}\begin{bmatrix}\dot{x}_1\\ \dot{x}_2\\ \dot{x}_3\\ \dot{x}_4\end{bmatrix}&=\begin{bmatrix}0&1&0&0\\-2&-3&0&0\\0&0&0&1\\0&0&-12&-7\end{bmatrix}\begin{bmatrix}x_1\\x_2\\x_3\\x_4\end{bmatrix}+\begin{bmatrix}0\\1\\0\\1\end{bmatrix}u\\ y&=\begin{bmatrix}1&0&2&1\end{bmatrix}\begin{bmatrix}x_1\\x_2\\x_3\\x_4\end{bmatrix}\end{aligned}\right\}$$

二、串联连接方式

设子系统 Σ_1，Σ_2 分别为 n_1 维和 n_2 维，其状态空间表达式分别为式(2-41)和式(2-42)，经串联连接后，构成组合系统 Σ，其模拟结构图如图 2-19 所示。

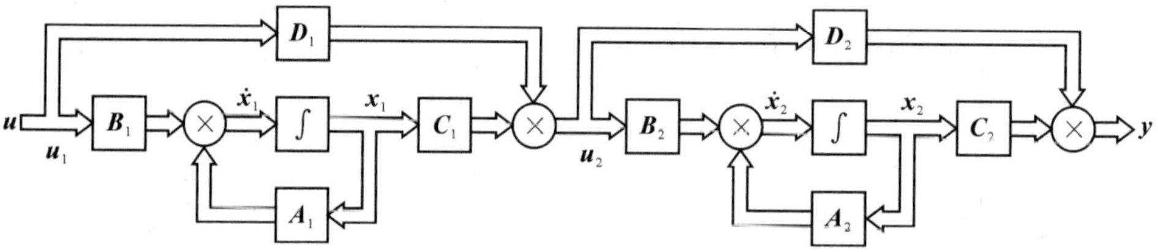

图 2-19 串联连接组合系统模拟结构图

由图 2-19 可知，$\boldsymbol{u}=\boldsymbol{u}_1$，$\boldsymbol{u}_2=\boldsymbol{y}_1$，$\boldsymbol{y}=\boldsymbol{y}_2$，导出组合系统的状态空间表达式为

$$\left.\begin{aligned}\dot{\boldsymbol{x}}_1&=\boldsymbol{A}_1\boldsymbol{x}_1+\boldsymbol{B}_1\boldsymbol{u}_1=\boldsymbol{A}_1\boldsymbol{x}_1+\boldsymbol{B}_1\boldsymbol{u}\\ \dot{\boldsymbol{x}}_2&=\boldsymbol{A}_2\boldsymbol{x}_2+\boldsymbol{B}_2\boldsymbol{u}_2=\boldsymbol{A}_2\boldsymbol{x}_2+\boldsymbol{B}_2\boldsymbol{y}_1=\boldsymbol{A}_2\boldsymbol{x}_2+\boldsymbol{B}_2(\boldsymbol{C}_1\boldsymbol{x}_1+\boldsymbol{D}_1\boldsymbol{u})=\boldsymbol{B}_2\boldsymbol{C}_1\boldsymbol{x}_1+\boldsymbol{A}_2\boldsymbol{x}_2+\boldsymbol{B}_2\boldsymbol{D}_1\boldsymbol{u}\\ \boldsymbol{y}&=\boldsymbol{y}_2=\boldsymbol{C}_2\boldsymbol{x}_2+\boldsymbol{D}_2\boldsymbol{u}_2=\boldsymbol{C}_2\boldsymbol{x}_2+\boldsymbol{D}_2\boldsymbol{y}_1=\boldsymbol{C}_2\boldsymbol{x}_2+\boldsymbol{D}_2(\boldsymbol{C}_1\boldsymbol{x}_1+\boldsymbol{D}_1\boldsymbol{u})=\boldsymbol{D}_2\boldsymbol{C}_1\boldsymbol{x}_1+\boldsymbol{C}_2\boldsymbol{x}_2+\boldsymbol{D}_2\boldsymbol{D}_1\boldsymbol{u}\end{aligned}\right\}$$

或

$$\left.\begin{aligned}\begin{bmatrix}\dot{\boldsymbol{x}}_1\\ \dot{\boldsymbol{x}}_2\end{bmatrix}&=\begin{bmatrix}\boldsymbol{A}_1&\boldsymbol{0}\\ \boldsymbol{B}_2\boldsymbol{C}_1&\boldsymbol{A}_2\end{bmatrix}\begin{bmatrix}\boldsymbol{x}_1\\ \boldsymbol{x}_2\end{bmatrix}+\begin{bmatrix}\boldsymbol{B}_1\\ \boldsymbol{B}_2\boldsymbol{D}_1\end{bmatrix}\boldsymbol{u}\\ \boldsymbol{y}&=\begin{bmatrix}\boldsymbol{D}_2\boldsymbol{C}_1&\boldsymbol{C}_2\end{bmatrix}\begin{bmatrix}\boldsymbol{x}_1\\ \boldsymbol{x}_2\end{bmatrix}+\boldsymbol{D}_2\boldsymbol{D}_1\boldsymbol{u}\end{aligned}\right\}\tag{2-44}$$

例 2-23 设子系统 Σ_1，Σ_2 为例 2-22 中两个子系统，试写出的串联连接后，组合系统 Σ 的状态空间表达式。

解　对照式(2-44)可得组合系统Σ的状态空间表达式为

$$\left.\begin{aligned}\begin{bmatrix}\dot{x}_1\\\dot{x}_2\\\dot{x}_3\\\dot{x}_4\end{bmatrix}&=\begin{bmatrix}0&1&0&0\\-2&-3&0&0\\0&0&0&1\\1&0&-12&-7\end{bmatrix}\begin{bmatrix}x_1\\x_2\\x_3\\x_4\end{bmatrix}+\begin{bmatrix}0\\1\\0\\0\end{bmatrix}u\\y&=\begin{bmatrix}0&0&2&1\end{bmatrix}\begin{bmatrix}x_1\\x_2\\x_3\\x_4\end{bmatrix}\end{aligned}\right\}$$

三、反馈连接方式

为简化起见，设子系统 Σ_1、Σ_2 分别为 n_1 维和 n_2 维，其状态空间表达式分别为

$$\Sigma_1:\quad\left.\begin{aligned}\dot{\boldsymbol{x}}_1&=\boldsymbol{A}_1\boldsymbol{x}_1+\boldsymbol{B}_1\boldsymbol{u}_1\\\boldsymbol{y}_1&=\boldsymbol{C}_1\boldsymbol{x}_1\end{aligned}\right\}\tag{2-45}$$

$$\Sigma_2:\quad\left.\begin{aligned}\dot{\boldsymbol{x}}_2&=\boldsymbol{A}_2\boldsymbol{x}_2+\boldsymbol{B}_2\boldsymbol{u}_2\\\boldsymbol{y}_2&=\boldsymbol{C}_2\boldsymbol{x}_2\end{aligned}\right\}\tag{2-46}$$

经反馈连接后，构成组合系统Σ，其模拟结构图如图2-20所示。

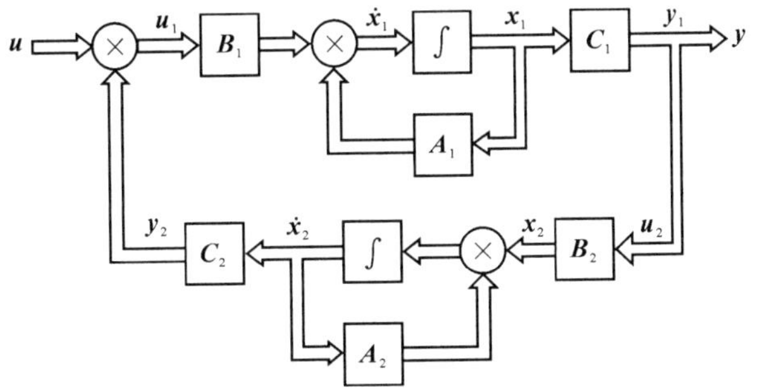

图2-20　反馈连接组合系统模拟结构图

由图2-20可知，$\boldsymbol{u}_1=\boldsymbol{u}-\boldsymbol{y}_2$，$\boldsymbol{u}_2=\boldsymbol{y}$，$\boldsymbol{y}=\boldsymbol{y}_1$，导出组合系统的状态空间表达式：

$$\left.\begin{aligned}\dot{\boldsymbol{x}}_1&=\boldsymbol{A}_1\boldsymbol{x}_1+\boldsymbol{B}_1(\boldsymbol{u}-\boldsymbol{y}_2)=\boldsymbol{A}_1\boldsymbol{x}_1-\boldsymbol{B}_1\boldsymbol{C}_2\boldsymbol{x}_2+\boldsymbol{B}_1u\\\dot{\boldsymbol{x}}_2&=\boldsymbol{A}_2\boldsymbol{x}_2+\boldsymbol{B}_2u_2=\boldsymbol{A}_2\boldsymbol{x}_2+\boldsymbol{B}_2\boldsymbol{y}=\boldsymbol{B}_2\boldsymbol{C}_1\boldsymbol{x}_1+\boldsymbol{A}_2\boldsymbol{x}_2\\\boldsymbol{y}&=\boldsymbol{C}_1\boldsymbol{x}_1\end{aligned}\right\}$$

或

$$\left.\begin{aligned}\begin{bmatrix}\dot{\boldsymbol{x}}_1\\\dot{\boldsymbol{x}}_2\end{bmatrix}&=\begin{bmatrix}\boldsymbol{A}_1&-\boldsymbol{B}_1\boldsymbol{C}_2\\\boldsymbol{B}_2\boldsymbol{C}_1&\boldsymbol{A}_2\end{bmatrix}\begin{bmatrix}\boldsymbol{x}_1\\\boldsymbol{x}_2\end{bmatrix}+\begin{bmatrix}\boldsymbol{B}_1\\\boldsymbol{0}\end{bmatrix}u\\\boldsymbol{y}&=\begin{bmatrix}\boldsymbol{C}_1&\boldsymbol{0}\end{bmatrix}\begin{bmatrix}\boldsymbol{x}_1\\\boldsymbol{x}_2\end{bmatrix}\end{aligned}\right\}\tag{2-47}$$

例2-24　试建立图2-21反馈系统的状态空间表达式。

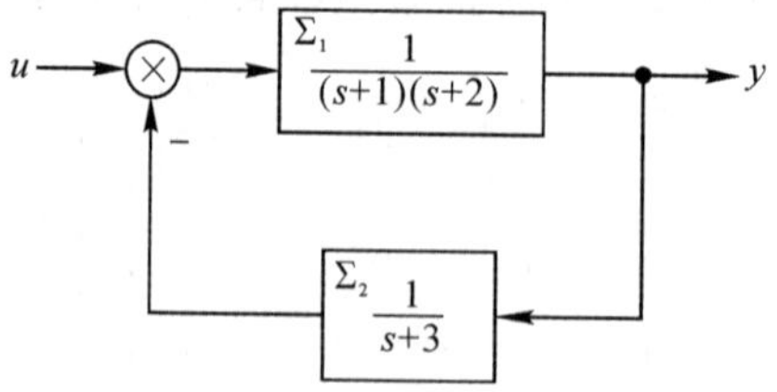

图 2-21 某反馈连接组合系统结构图

解 子系统 Σ_1 的状态空间表达式为

$$\left.\begin{aligned}\begin{bmatrix}\dot{x}_1\\ \dot{x}_2\end{bmatrix}&=\begin{bmatrix}0&1\\-2&-3\end{bmatrix}\begin{bmatrix}x_1\\x_2\end{bmatrix}+\begin{bmatrix}0\\1\end{bmatrix}u_1\\ y_1&=\begin{bmatrix}1&0\end{bmatrix}\begin{bmatrix}x_1\\x_2\end{bmatrix}\end{aligned}\right\}$$

子系统 Σ_2 的状态空间表达式为

$$\left.\begin{aligned}\dot{x}_3&=-3x_3+u_2\\ y_2&=x_3\end{aligned}\right\}$$

对照式(2-45)有

$$\boldsymbol{A}_1=\begin{bmatrix}0&1\\-2&-3\end{bmatrix},\ \boldsymbol{A}_2=-\boldsymbol{3},\ -\boldsymbol{b}_1\boldsymbol{c}_2=-\begin{bmatrix}0\\1\end{bmatrix}=\begin{bmatrix}0\\-1\end{bmatrix},\ \boldsymbol{b}_2\boldsymbol{c}_1=\begin{bmatrix}1&0\end{bmatrix}$$

得到反馈连接组合系统 Σ 的状态空间表达式为

$$\left.\begin{aligned}\begin{bmatrix}\dot{\boldsymbol{x}}_1\\ \dot{\boldsymbol{x}}_2\end{bmatrix}&=\begin{bmatrix}\boldsymbol{A}_1&-\boldsymbol{b}_1\boldsymbol{c}_2\\ \boldsymbol{b}_2\boldsymbol{c}_1&\boldsymbol{A}_2\end{bmatrix}\begin{bmatrix}x_1\\x_2\end{bmatrix}+\begin{bmatrix}\boldsymbol{b}_1\\ \boldsymbol{0}\end{bmatrix}\boldsymbol{u}\\ \boldsymbol{y}&=\begin{bmatrix}\boldsymbol{c}_1&\boldsymbol{0}\end{bmatrix}\begin{bmatrix}x_1\\x_2\end{bmatrix}\end{aligned}\right\}$$

或

$$\left.\begin{aligned}\begin{bmatrix}\dot{x}_1\\ \dot{x}_2\\ \dot{x}_3\end{bmatrix}&=\begin{bmatrix}0&1&0\\-2&-3&-1\\1&0&-3\end{bmatrix}\begin{bmatrix}x_1\\x_2\\x_3\end{bmatrix}+\begin{bmatrix}0\\1\\0\end{bmatrix}\boldsymbol{u}\\ y&=\begin{bmatrix}1&0&0\end{bmatrix}\begin{bmatrix}x_1\\x_2\\x_3\end{bmatrix}\end{aligned}\right\}$$

第六节 系统的传递函数矩阵

系统状态空间表达式和系统传递函数阵都是控制系统常用的两种数学模型。状态空间表达式不但体现了系统输入和输出之间的关系，还清楚地表达了系统内部状态变量的关系。从传递函数阵到状态空间表达式是实现问题，过程复杂且非唯一，但从状态空间表达式到传递函数阵却是一个唯一且简单的过程。

一、定义及表达式

定义 2－17　设多输入输出线性定常系统的状态空间表达式为

$$\left.\begin{aligned}\dot{\boldsymbol{x}}&=\boldsymbol{A}\boldsymbol{x}+\boldsymbol{B}\boldsymbol{u}\\ \boldsymbol{y}&=\boldsymbol{C}\boldsymbol{x}+\boldsymbol{D}\boldsymbol{u}\end{aligned}\right\}\tag{2-48}$$

式中，$\boldsymbol{x}$ 为 n 维状态向量，$\boldsymbol{y}$ 为 q 维输出向量，$\boldsymbol{u}$ 为 p 维输入向量，相应地，$\boldsymbol{A}$，$\boldsymbol{B}$，$\boldsymbol{C}$ 和 $\boldsymbol{D}$ 分别为 $n\times n$，$n\times p$，$q\times n$ 和 $q\times p$ 的矩阵。

对式(2－48)作拉氏变换，且假定系统的初始状态为零，有

$$\left.\begin{aligned}s\boldsymbol{X}(s)&=\boldsymbol{A}\boldsymbol{X}(s)+\boldsymbol{B}\boldsymbol{U}(s)\\ \boldsymbol{Y}(s)&=\boldsymbol{C}\boldsymbol{X}(s)+\boldsymbol{D}\boldsymbol{U}(s)\end{aligned}\right\}$$

式中，$\boldsymbol{X}(s)$，$\boldsymbol{U}(s)$，$\boldsymbol{Y}(s)$分别为 $\boldsymbol{x}$，$\boldsymbol{u}$，$\boldsymbol{y}$ 的拉氏变换式，解得

$$\boldsymbol{Y}(s)=[\boldsymbol{C}(s\boldsymbol{I}-\boldsymbol{A})^{-1}\boldsymbol{B}+\boldsymbol{D}]\boldsymbol{U}(s)$$

定义系统的传递函数阵为

$$\boldsymbol{G}(s)=\frac{\boldsymbol{Y}(s)}{\boldsymbol{U}(s)}=\boldsymbol{C}(s\boldsymbol{I}-\boldsymbol{A})^{-1}\boldsymbol{B}+\boldsymbol{D}=\begin{bmatrix}G_{11}(s) & G_{12}(s) & \cdots & G_{1p}(s)\\ G_{21}(s) & G_{22}(s) & \cdots & G_{2p}(s)\\ \vdots & \vdots & & \vdots\\ G_{q1}(s) & G_{q2}(s) & \cdots & G_{qp}(s)\end{bmatrix}\tag{2-49}$$

顺便指出，传递函数阵中，第 i 行第 k 列的元素：

$$G_{ik}(s)=\frac{Y_i(s)}{U_k(s)}$$

$G_{ik}(s)$表示由第 k 个输入引起的第 i 个输出响应，也是系统从第 k 个输入到第 i 个输出之间的传递函数。

例 2－25　已知系统的状态空间表达式为

$$\left.\begin{aligned}\dot{\boldsymbol{x}}&=\boldsymbol{A}\boldsymbol{x}+\boldsymbol{B}\boldsymbol{u}\\ y&=Cx+D\boldsymbol{u}\end{aligned}\right\}$$

其中，

$$\boldsymbol{A}=\begin{bmatrix}-1 & 0\\ 0 & -2\end{bmatrix},\ \boldsymbol{B}=\begin{bmatrix}1 & 0\\ 0 & 1\end{bmatrix},\ \boldsymbol{C}=\begin{bmatrix}1 & 0\\ 0 & 1\end{bmatrix},\ \boldsymbol{D}=\boldsymbol{0}$$

求系统的传递函数阵。

解

$$[s\boldsymbol{I}-\boldsymbol{A}]=\begin{bmatrix}s+1 & 0\\ 0 & s+2\end{bmatrix}$$

$$[s\boldsymbol{I}-\boldsymbol{A}]^{-1}=\begin{bmatrix}s+1 & 0\\ 0 & s+2\end{bmatrix}^{-1}=\frac{1}{(s+1)(s+2)}\begin{bmatrix}s+2 & 0\\ 0 & s+1\end{bmatrix}=\begin{bmatrix}\dfrac{1}{s+1} & 0\\ 0 & \dfrac{1}{s+2}\end{bmatrix}$$

$$\boldsymbol{G}(s)=\boldsymbol{C}[s\boldsymbol{I}-\boldsymbol{A}]^{-1}\boldsymbol{B}+\boldsymbol{D}=\begin{bmatrix}1 & 0\\ 0 & 1\end{bmatrix}\begin{bmatrix}\dfrac{1}{s+1} & 0\\ 0 & \dfrac{1}{s+2}\end{bmatrix}\begin{bmatrix}1 & 0\\ 0 & 1\end{bmatrix}=\begin{bmatrix}\dfrac{1}{s+1} & 0\\ 0 & \dfrac{1}{s+2}\end{bmatrix}$$

二、传递函数矩阵性质

定理 2-4 对于多输入输出线性定常系统，其状态空间表达式不是唯一的，但其传递函数阵是不变的。

证明 设系统 Σ 的状态空间表达式为

$$\left.\begin{aligned}\dot{\boldsymbol{x}}&=\boldsymbol{Ax}+\boldsymbol{Bu}\\ \boldsymbol{y}&=\boldsymbol{Cx}+\boldsymbol{Du}\end{aligned}\right\}$$

由式(2-49)可知：

$$\boldsymbol{G}(s)=\frac{\boldsymbol{Y}(s)}{\boldsymbol{U}(s)}=\boldsymbol{C}(s\boldsymbol{I}-\boldsymbol{A})^{-1}\boldsymbol{B}+\boldsymbol{D}$$

对此系统作线性变换 $\boldsymbol{x}=\boldsymbol{P}\bar{\boldsymbol{x}}$，则可导出系统 $\bar{\Sigma}$ 的状态空间表达式为

$$\left.\begin{aligned}\dot{\bar{\boldsymbol{x}}}&=\bar{\boldsymbol{A}}\bar{\boldsymbol{x}}+\bar{\boldsymbol{B}}\boldsymbol{u}\\ \boldsymbol{y}&=\bar{\boldsymbol{C}}\bar{\boldsymbol{x}}+\bar{\boldsymbol{D}}\boldsymbol{u}\end{aligned}\right\}$$

其中，$\bar{\boldsymbol{A}}=\boldsymbol{P}^{-1}\boldsymbol{AP}$，$\bar{\boldsymbol{B}}=\boldsymbol{P}^{-1}\boldsymbol{B}$，$\bar{\boldsymbol{C}}=\boldsymbol{CP}$，$\bar{\boldsymbol{D}}=\boldsymbol{D}$，此时得到新系统的传递函数阵为

$$\begin{aligned}\bar{\boldsymbol{G}}(s)&=\bar{\boldsymbol{C}}(s\boldsymbol{I}-\bar{\boldsymbol{A}})^{-1}\bar{\boldsymbol{B}}+\bar{\boldsymbol{D}}\\&=\boldsymbol{CP}(s\boldsymbol{I}-\bar{\boldsymbol{A}})^{-1}\boldsymbol{P}^{-1}\boldsymbol{B}+\boldsymbol{D}\\&=\boldsymbol{C}\left[\boldsymbol{P}(s\boldsymbol{I}-\boldsymbol{P}^{-1}\boldsymbol{AP})\boldsymbol{P}^{-1}\right]^{-1}\boldsymbol{B}+\boldsymbol{D}\\&=\boldsymbol{C}\left[\boldsymbol{P}s\boldsymbol{I}\boldsymbol{P}^{-1}-\boldsymbol{PP}^{-1}\boldsymbol{APP}^{-1}\right]^{-1}\boldsymbol{B}+\boldsymbol{D}\\&=\boldsymbol{C}(s\boldsymbol{I}-\boldsymbol{A})^{-1}\boldsymbol{B}+\boldsymbol{D}=\boldsymbol{G}(s)\end{aligned}$$

可见系统具有($\boldsymbol{A}$, $\boldsymbol{B}$, $\boldsymbol{C}$, $\boldsymbol{D}$)与($\bar{\boldsymbol{A}}$, $\bar{\boldsymbol{B}}$, $\bar{\boldsymbol{C}}$, $\bar{\boldsymbol{D}}$)两种不同的状态空间表达式，但对应的传递函数阵却是相同的，即系统的传递函数阵具有不变性。

习 题 2

2-1 为什么说状态空间表达式是非唯一的?

2-2 何为系统的特征多项式、特征值和特征向量?

2-3 状态空间表达式变换为对角线标准型的条件是什么?

2-4 系统的组合方式有哪些?

2-5 试述状态空间描述与传递函数之间的关系。

2-6 已知 RLC 电路如图 2-22 所示，设输入为 u_i，输出为 u_o，试自选状态变量并列写状态空间表达式。

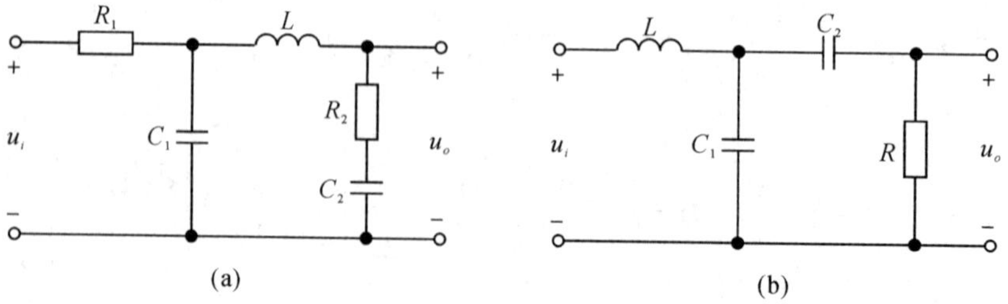

图 2-22 *RLC* 电路图

2－7　RLC 无源网络如图 2－23 所示。已知 $R_1=R_2=1\Omega$，$L_1=L_2=1\ H$，$C=1\ \mu F$，若以电压 $u(t)$为输入，流过电阻 R_2 的电流 i_2 为输出，并选取状态变量为 $x_1=i_1$，$x_2=i_2$，$x_3=i_3$，试建立系统的状态方程和输出方程。

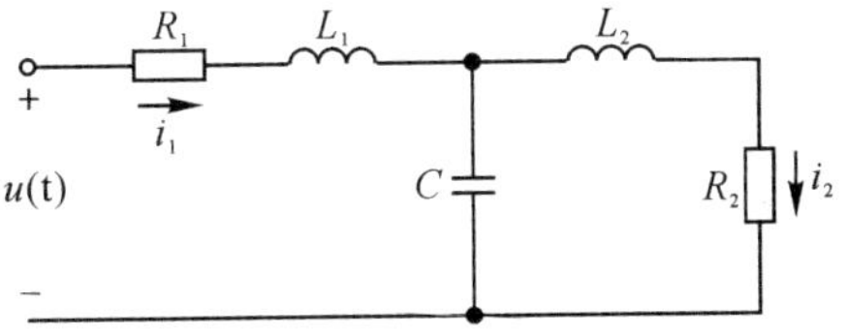

图 2－23　RLC 无源网络电路图

2－8　已知系统的微分方程，试建立其状态空间表达式。

(1) $\dddot{y}+3\ddot{y}+3\dot{y}+5y=\ddot{u}+4\dot{u}+u$

(2) $\dddot{y}+3\ddot{y}+y=u$

(3) $\dddot{y}+16\ddot{y}+194\dot{y}+640y=4\ddot{u}+160\dot{u}+720u$

2－9　已知系统的传递函数，试分别建立其状态空间表达式。

(1) $G(s)=\dfrac{3(s+5)}{(s+3)^2(s+1)}$　　(2) $G(s)=\dfrac{s+1}{s(s+2)(s+3)}$

(3) $G(s)=\dfrac{1}{s\,(s+2)^2(s+5)}$　　(4) $G(s)=\dfrac{2s^3+3s^2+s+5}{s^3+s^2+s+5}$

2－10　已知系统状态空间描述中的各矩阵为

$$\boldsymbol{A}=\begin{bmatrix}0 & 1\\ -2 & -3\end{bmatrix},\ \boldsymbol{B}=\begin{bmatrix}1 & 0\\ 1 & 1\end{bmatrix},\ \boldsymbol{C}=\begin{bmatrix}2 & 1\\ 1 & 1\\ -2 & -1\end{bmatrix},\ \boldsymbol{D}=\begin{bmatrix}3 & 0\\ 0 & 0\\ 0 & 1\end{bmatrix}$$

求系统的传递函数矩阵 $G(s)$。

2－11　控制系统结构图如图 2－24 所示，试根据图中标出的状态变量，建立系统(a)、(b)和(c)的状态空间表达式。

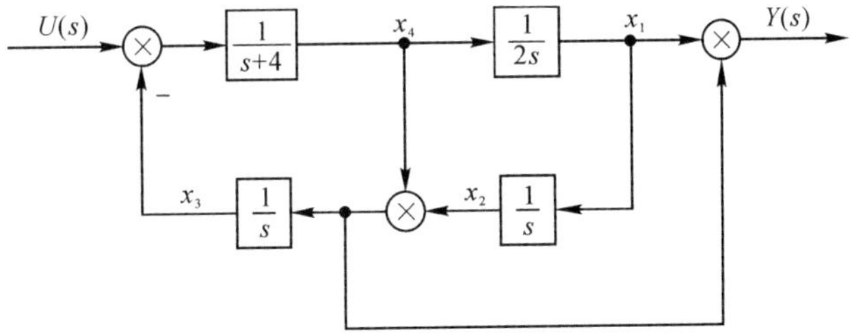

(a)

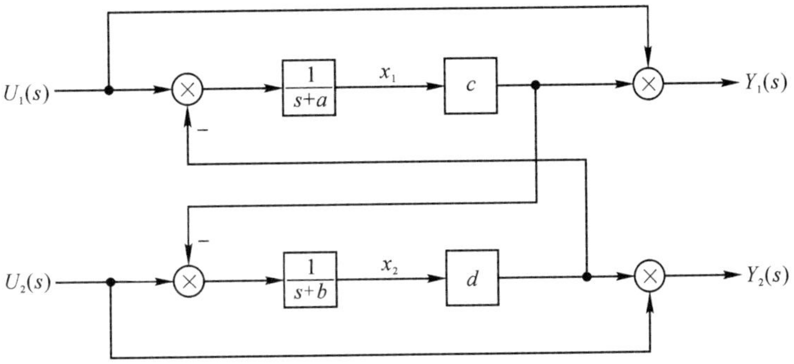

(b)

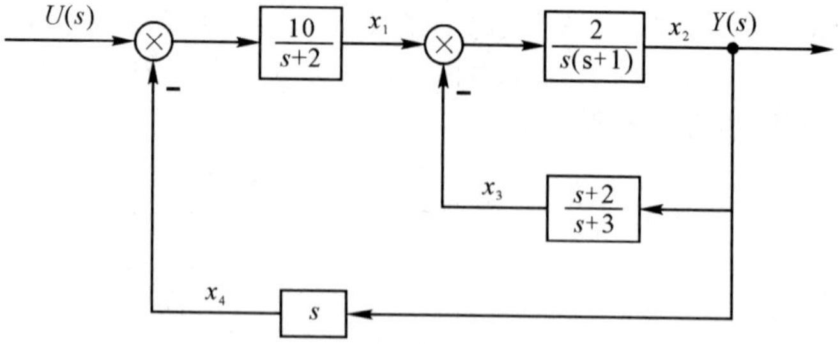

(c)

图 2-24 控制系统的结构图

2-12 两个子系统串联，其状态空间表达式为

$$\Sigma_1: \dot{\boldsymbol{x}}_1=\begin{bmatrix}1 & -2\\0 & -1\end{bmatrix}\boldsymbol{x}_1+\begin{bmatrix}1\\1\end{bmatrix}u_1,\quad y_1=\begin{bmatrix}1 & 0\end{bmatrix}\boldsymbol{x}_1$$

$$\Sigma_2: \dot{\boldsymbol{x}}_2=\begin{bmatrix}-1 & 1\\0 & -1\end{bmatrix}\boldsymbol{x}_2+\begin{bmatrix}0\\1\end{bmatrix}u_2,\quad y_2=\begin{bmatrix}0 & 1\end{bmatrix}\boldsymbol{x}_2$$

试求出串联后系统的状态空间表达式和传递函数。

第三章　线性系统的运动分析

本章主要介绍线性定常系统齐次方程的解、矩阵指数函数的定义和计算方法、状态转移矩阵的性质及物理意义、线性定常系统非齐次方程的解和线性时变系统的运动分析等内容。

第一节　线性定常系统齐次方程的解

系统的运动分析是指分析系统的运动形态和性能行为。从数学角度而言，运动分析的实质就是求解系统的状态方程，以解析解形式或数值分析形式，建立系统状态随输入和初始状态的变化规律。

一、标量齐次微分方程的解

定义 3-1　齐次状态方程是指不考虑输入只考虑初始状态作用时的状态方程，如：

$$\dot{\boldsymbol{x}}(t)=\boldsymbol{A}\boldsymbol{x}(t),\quad \boldsymbol{x}(t)\big|_{t=0}=\boldsymbol{x}_0 \tag{3-1}$$

显然，齐次方程的解是由初始状态引起的自由运动，称为自由解，又称为零输入响应。求解系统自由解的方法有很多，为简单起见，先讨论标量齐次微分方程的求解方法。对于

$$\dot{x}=ax,\quad x(t)\big|_{t=0}=x_0$$

其解可以表示为

$$x(t)=b_0+b_1t+b_2t^2+\cdots+b_kt^k+\cdots$$

对上式两边同时求导，得

$$\dot{x}(t)=b_1+2b_2t+\cdots+kb_kt^{k-1}+\cdots$$

结合 $\dot{x}=ax$，可得

$$b_1+2b_2t+\cdots+kb_kt^{k-1}+\cdots=ab_0+ab_1t+ab_2t^2+\cdots$$

上式两边同次幂系数相等，有

$$\begin{aligned}b_1&=ab_0\\ b_2&=\frac{ab_1}{2}=\frac{a^2b_0}{2}\\ &\vdots\\ b_k&=\frac{a^kb_0}{k!}\end{aligned}$$

又因为 $x_0=x(t)\big|_{t=0}=b_0$，可得

$$x(t)=\left(1+at+\frac{1}{2!}a^2t^2+\cdots+\frac{1}{k!}a^kt^k+\cdots\right)x_0=\mathrm{e}^{at}x_0$$

二、齐次状态方程的解

将标量齐次微分方程解的结果推广到式(3-1)矩阵方程，可写出矩阵微分方程的解：

$$\boldsymbol{x}(t)=\mathrm{e}^{\boldsymbol{A}t}\boldsymbol{x}_0(t) \tag{3-2}$$

其中，

$$e^{\boldsymbol{A}t}=\boldsymbol{I}+\boldsymbol{A}t+\frac{1}{2!}\boldsymbol{A}^2t^2+\cdots+\frac{1}{k!}\boldsymbol{A}^kt^k+\cdots=\sum_{k=0}^{\infty}\frac{1}{k!}\boldsymbol{A}^kt^k \tag{3-3}$$

其中，$e^{\boldsymbol{A}t}$ 为矩阵指数函数。

式(3－2)也可以由式(3－1)进行拉氏变换求得。

$$\left.\begin{aligned}\dot{\boldsymbol{x}}(t)&=\boldsymbol{A}\boldsymbol{x}(t)\\ s\boldsymbol{X}(s)-\boldsymbol{x}_0&=\boldsymbol{A}\boldsymbol{X}(s)\\ (s\boldsymbol{I}-\boldsymbol{A})\boldsymbol{X}(s)&=\boldsymbol{x}_0\\ \boldsymbol{X}(s)&=(s\boldsymbol{I}-\boldsymbol{A})^{-1}\boldsymbol{x}_0\\ \boldsymbol{x}(t)&=L^{-1}(s\boldsymbol{I}-\boldsymbol{A})^{-1}\boldsymbol{x}_0\end{aligned}\right\}$$

其中，

$$(s\boldsymbol{I}-\boldsymbol{A})^{-1}=\frac{\boldsymbol{I}}{s}+\frac{\boldsymbol{A}}{s^2}+\frac{\boldsymbol{A}^2}{s^3}+\cdots$$

$$L^{-1}(s\boldsymbol{I}-\boldsymbol{A})^{-1}=\boldsymbol{I}+\boldsymbol{A}t+\frac{\boldsymbol{A}^2}{2!}t^2+\cdots=e^{\boldsymbol{A}t} \tag{3-4}$$

进而可得

$$\boldsymbol{x}(t)=e^{\boldsymbol{A}t}\boldsymbol{x}_0(t)$$

可见，使用拉氏变换求解矩阵微分方程的方法简单。同时也可以看出，求解状态方程的关键是如何计算矩阵的指数函数。

第二节　矩阵指数函数

一、矩阵指数函数的定义和性质

1. 矩阵指数函数的定义

定义 3－2　设系统矩阵为 $\boldsymbol{A}$，则式(3－3)所示的表达式称为矩阵指数函数。

如何理解矩阵指数函数呢？可以这样认为，矩阵指数函数本身是一个矩阵，矩阵中的每一个元素都是以一种或几种指数函数加权代数和的形式出现的。如矩阵指数函数

$$e^{\boldsymbol{A}t}=\begin{bmatrix}2e^{-t}-e^{-2t} & e^{-t}-e^{-2t}\\ -2e^{-t}+2e^{-2t} & -e^{-t}+2e^{-2t}\end{bmatrix}$$

可以看出，系统的矩阵指数函数是一个 2×2 的方阵，方阵中的每一个元素均以 2 种指数函数的加权代数和形式出现，如第 1 行第 2 列为 $e^{-t}-e^{-2t}$。

2. 矩阵指数函数的性质

(1) 设 $\boldsymbol{A}$ 为 $n\times n$ 阶的矩阵，t 和 s 为两个独立的变量，则有

$$e^{\boldsymbol{A}(t+s)}=e^{\boldsymbol{A}t}\cdot e^{\boldsymbol{A}s}$$

(2) 只需要使式(3－3)的 $t=0$，即可得到 $e^{\boldsymbol{A}0}=\boldsymbol{I}$。

(3) $e^{\boldsymbol{A}t}$ 总是非奇异的，必有逆存在，且逆为 $e^{-\boldsymbol{A}t}$，即

$$(e^{\boldsymbol{A}t})^{-1}=e^{-\boldsymbol{A}t}$$

(4) 对于 $n\times n$ 的方阵 $\boldsymbol{A}$ 和 $\boldsymbol{B}$，如果 $\boldsymbol{A}$ 和 $\boldsymbol{B}$ 是可交换的，即 $\boldsymbol{AB}=\boldsymbol{BA}$，则下式必成立

$$e^{(\boldsymbol{A}+\boldsymbol{B})t}=e^{\boldsymbol{A}t}\cdot e^{\boldsymbol{B}t}$$

(5) 对于矩阵指数函数 $e^{\boldsymbol{A}t}$，有

$$\frac{d}{dt}e^{\boldsymbol{A}t}=\boldsymbol{A}e^{\boldsymbol{A}t}=e^{\boldsymbol{A}t}\boldsymbol{A}$$

二、矩阵指数函数的计算方法

1. 按定义计算

根据式(3-3)进行计算。

例 3-1　已知系统矩阵为

$$\boldsymbol{A}=\begin{bmatrix}0 & 1\\ -2 & -3\end{bmatrix}$$

求系统的矩阵指数函数。

解　按定义有

$$\begin{aligned}e^{\boldsymbol{A}t}&=\boldsymbol{I}+\boldsymbol{A}t+\frac{1}{2!}\boldsymbol{A}^2t^2+\cdots+\frac{1}{k!}\boldsymbol{A}^kt^k+\cdots\\&=\begin{bmatrix}1 & 0\\ 0 & 1\end{bmatrix}+\begin{bmatrix}0 & 1\\ -2 & -3\end{bmatrix}t+\frac{1}{2!}\begin{bmatrix}-2 & -3\\ 6 & 7\end{bmatrix}t^2+\cdots\\&=\begin{bmatrix}1-t^2+\cdots & t-\dfrac{3}{2}t^2+\cdots\\ -2t+3t^2+\cdots & 1-3t+\cdots\end{bmatrix}\end{aligned}$$

按定义求出的矩阵指数函数虽然容易理解，但求得的结果中，矩阵指数函数的各组成元素呈现无穷幂级数形式，不具有解析表达式，不便于状态方程的求解运算。

2. 按拉氏变换方法计算

根据拉氏变换对式(3-4)进行计算

$$e^{\boldsymbol{A}t}=L^{-1}(s\boldsymbol{I}-\boldsymbol{A})^{-1}$$

例 3-2　已知系统矩阵为

$$\boldsymbol{A}=\begin{bmatrix}0 & 1\\ -2 & -3\end{bmatrix}$$

求系统的矩阵指数函数。

解　按拉氏变换式有

$$(s\boldsymbol{I}-\boldsymbol{A})=\begin{bmatrix}s & -1\\ 2 & s+3\end{bmatrix}$$

$$|s\boldsymbol{I}-\boldsymbol{A}|=s^2+3s+2=(s+1)(s+2)$$

$$(s\boldsymbol{I}-\boldsymbol{A})^{-1}=\frac{1}{(s+1)(s+2)}\begin{bmatrix}s+3 & 1\\ -2 & s\end{bmatrix}$$

$$e^{\boldsymbol{A}t}=L^{-1}(s\boldsymbol{I}-\boldsymbol{A})^{-1}=L^{-1}\begin{bmatrix}\dfrac{2}{s+1}-\dfrac{1}{s+2} & \dfrac{1}{s+1}-\dfrac{1}{s+2}\\ -\dfrac{2}{s+1}+\dfrac{2}{s+2} & -\dfrac{1}{s+1}+\dfrac{2}{s+2}\end{bmatrix}=\begin{bmatrix}2e^{-t}-e^{-2t} & e^{-t}-e^{-2t}\\ -2e^{-t}+2e^{-2t} & -e^{-t}+2e^{-2t}\end{bmatrix}$$

3. 特征值法

（1）对角线标准型 **A** 对应的矩阵指数函数为

$$\boldsymbol{A}=\begin{bmatrix}\lambda_1 & & & \\ & \lambda_2 & & \\ & & \ddots & \\ & & & \lambda_n\end{bmatrix}\Rightarrow \mathrm{e}^{\boldsymbol{A}t}=\begin{bmatrix}\mathrm{e}^{\lambda_1 t} & & & \\ & \mathrm{e}^{\lambda_2 t} & & \\ & & \ddots & \\ & & & \mathrm{e}^{\lambda_n t}\end{bmatrix}$$

（2）约当块 $\boldsymbol{A}_i$ 对应的矩阵指数函数为

$$\boldsymbol{A}_i=\begin{bmatrix}\lambda_i & 1 & & \\ & \lambda_i & 1 & \\ & & \ddots & \ddots \\ & & & \lambda_i & 1\end{bmatrix}\Rightarrow \mathrm{e}^{\boldsymbol{A}_i t}=\mathrm{e}^{\lambda_i t}\begin{bmatrix}1 & t & \frac{1}{2!}t^2 & \cdots & \frac{1}{(m-2)!}t^{(m-2)!} & \frac{1}{(m-1)!}t^{(m-1)!} \\ 0 & 1 & t & \cdots & \frac{1}{(m-3)!}t^{(m-3)!} & \frac{1}{(m-2)!}t^{(m-2)!} \\ \vdots & \vdots & \vdots & & \vdots & \vdots \\ 0 & 0 & 0 & \cdots & 1 & t \\ 0 & 0 & 0 & \cdots & 0 & 1\end{bmatrix}$$

例 3-3 已知系统矩阵为

$$\boldsymbol{A}=\begin{bmatrix}3 & 0 & 0 & 0 \\ 0 & -2 & 1 & 0 \\ 0 & 0 & -2 & 1 \\ 0 & 0 & 0 & -2\end{bmatrix}$$

求系统的矩阵指数函数。

解 按对角线和约当块矩阵的矩阵指数函数的求法有

$$\mathrm{e}^{\boldsymbol{A}t}=\begin{bmatrix}\mathrm{e}^{3t} & 0 & 0 & 0 \\ 0 & \mathrm{e}^{-2t} & t\mathrm{e}^{-2t} & \frac{1}{2}t^2\mathrm{e}^{-2t} \\ 0 & 0 & \mathrm{e}^{-2t} & t\mathrm{e}^{-2t} \\ 0 & 0 & 0 & \mathrm{e}^{-2t}\end{bmatrix}$$

（3）特征值法求矩阵指数函数。

当系统矩阵 **A** 不是对角线标准型时，可通过变换求取矩阵指数函数，如

$$\mathrm{e}^{\boldsymbol{A}t}=\boldsymbol{P}\mathrm{e}^{\hat{\boldsymbol{A}}t}\boldsymbol{P}^{-1}=\boldsymbol{P}\begin{bmatrix}\mathrm{e}^{\lambda_1 t} & & & \\ & \mathrm{e}^{\lambda_2 t} & & \\ & & \ddots & \\ & & & \mathrm{e}^{\lambda_n t}\end{bmatrix}\boldsymbol{P}^{-1}$$

上述结论可以通过推导证明，如下：

$$\begin{aligned}\mathrm{e}^{\hat{\boldsymbol{A}}t}&=\boldsymbol{I}+\hat{\boldsymbol{A}}t+\frac{1}{2!}\hat{\boldsymbol{A}}^2t^2+\cdots=\boldsymbol{I}+\boldsymbol{P}^{-1}\hat{\boldsymbol{A}}\boldsymbol{P}t+\frac{1}{2!}\boldsymbol{P}^{-1}\hat{\boldsymbol{A}}\boldsymbol{P}\boldsymbol{P}^{-1}\hat{\boldsymbol{A}}\boldsymbol{P}t^2+\cdots \\ &=\boldsymbol{P}^{-1}\left[\boldsymbol{I}+\hat{\boldsymbol{A}}t+\frac{1}{2!}\hat{\boldsymbol{A}}^2t^2+\cdots\right]\boldsymbol{P}=\boldsymbol{P}^{-1}\mathrm{e}^{\boldsymbol{A}t}\boldsymbol{P}\end{aligned}$$

或

$$\mathrm{e}^{\boldsymbol{A}t}=\boldsymbol{P}\mathrm{e}^{\hat{\boldsymbol{A}}t}\boldsymbol{P}^{-1}$$

若 **A** 有重特征值时，可用下式求得矩阵指数函数：

$$e^{\boldsymbol{A}_i t}=\boldsymbol{Q}\begin{bmatrix} e^{\lambda_i t} & t e^{\lambda_i t} & \cdots & \frac{1}{(n-1)!}t^{(n-1)!}e^{\lambda_i t} \\ & & & \vdots \\ & & \ddots & \\ & \ddots & & t e^{\lambda_i t} \\ & & & e^{\lambda_i t} \end{bmatrix}\boldsymbol{Q}^{-1}$$

式中，$\boldsymbol{P}$、$\boldsymbol{Q}$ 分别为对角线和约当标准型变换矩阵。

例 3-4　已知系统矩阵为

$$\boldsymbol{A}=\begin{bmatrix} 0 & 1 \\ -2 & -3 \end{bmatrix}$$

求系统的矩阵指数函数。

解　先求系统特征值，为 $\lambda_1=-1$，$\lambda_2=-2$。

再求对角线标准型变换阵 $\boldsymbol{P}$，设

$$\boldsymbol{P}^{-1}=\begin{bmatrix} p_{11} & p_{12} \\ p_{21} & p_{22} \end{bmatrix}$$

由 $\hat{\boldsymbol{A}}\boldsymbol{P}^{-1}=\boldsymbol{P}^{-1}\boldsymbol{A}$，得

$$\begin{bmatrix} -1 & 0 \\ 0 & -2 \end{bmatrix}\begin{bmatrix} p_{11} & p_{12} \\ p_{21} & p_{22} \end{bmatrix}=\begin{bmatrix} p_{11} & p_{12} \\ p_{21} & p_{22} \end{bmatrix}\begin{bmatrix} 0 & 1 \\ -2 & -3 \end{bmatrix}$$

解得

$$\left.\begin{aligned} -p_{11}&=-2p_{12} \\ -p_{12}&=p_{11}-3p_{12} \\ -2p_{21}&=-2p_{22} \\ -2p_{22}&=p_{21}-3p_{22} \end{aligned}\right\} \Rightarrow \left.\begin{aligned} p_{11}&=2p_{12} \\ p_{21}&=p_{22} \end{aligned}\right\}$$

为简单起见取

$$p_{11}=2,\ p_{12}=1,\ p_{21}=1,\ p_{22}=1$$

得

$$\boldsymbol{P}^{-1}=\begin{bmatrix} 2 & 1 \\ 1 & 1 \end{bmatrix},\ |\boldsymbol{P}^{-1}|=1,\ \boldsymbol{P}=\frac{\mathrm{adj}\boldsymbol{P}^{-1}}{|\boldsymbol{P}^{-1}|}=\begin{bmatrix} 1 & -1 \\ -1 & 2 \end{bmatrix}$$

最后得到状态转移矩阵

$$e^{\boldsymbol{A}t}=\boldsymbol{P}e^{\hat{\boldsymbol{A}}t}\boldsymbol{P}^{-1}=\begin{bmatrix} 1 & -1 \\ -1 & 2 \end{bmatrix}\begin{bmatrix} e^{-t} & 0 \\ 0 & e^{-2t} \end{bmatrix}\begin{bmatrix} 2 & 1 \\ 1 & 1 \end{bmatrix}=\begin{bmatrix} e^{-t} & -e^{-2t} \\ e^{-t} & 2e^{-2t} \end{bmatrix}\begin{bmatrix} 2 & 1 \\ 1 & 1 \end{bmatrix}$$

$$=\begin{bmatrix} 2e^{-t}-e^{-2t} & e^{-t}-e^{-2t} \\ -2e^{-t}+2e^{-2t} & -e^{-t}+2e^{-2t} \end{bmatrix}$$

例 3-5　已知系统矩阵为

$$\boldsymbol{A}=\begin{bmatrix} 0 & 1 & 0 \\ 0 & 0 & 1 \\ 2 & 3 & 0 \end{bmatrix}$$

求系统的矩阵指数函数。

解 先求系统特征值，为 $\lambda_1=2$，$\lambda_2=\lambda_3=-1$。

也可以用 MATLAB 编程计算系统的特征值，程序如下：

```
//在 Command Window 中执行以下命令：
>>A=[0, 1, 0; 0, 0, 1; 2, 3, 0];        %定义矩阵 A
>>[v, d]=eig(A);                          %利用 eig 函数求矩阵 A 的特征值和特征向量
>>diag(d)
```

运行结果为

```
ans =
    -1.0000
    -1.0000
     2.0000
```

再求得变换阵 $\boldsymbol{P}$：

$$\boldsymbol{P}=\begin{bmatrix}1 & 1 & 1\\ 2 & -1 & 0\\ 4 & 1 & -1\end{bmatrix},\ \boldsymbol{P}^{-1}=\frac{1}{9}\begin{bmatrix}1 & 2 & 1\\ 2 & -5 & 2\\ 6 & 3 & -3\end{bmatrix}$$

同样地，利用 MATLAB 编程也可以计算 $\boldsymbol{P}$ 的逆，程序如下：

```
//在 Command Window 中执行以下命令：
>>P=[1, 1, 1; 2, -1, 0; 4, 1, -1]; %定义矩阵 P
>>inv(P)                           %对矩阵 P 求逆
```

运行结果为

```
ans=
0.1111     0.2222     0.1111
0.2222    -0.5556     0.2222
0.6667     0.3333    -0.3333
```

最后得

$$\boldsymbol{P}^{-1}=\frac{1}{9}\begin{bmatrix}1 & 2 & 1\\ 2 & -5 & 2\\ 6 & 3 & -3\end{bmatrix}$$

$$e^{\boldsymbol{A}t}=\boldsymbol{P}e^{\hat{\boldsymbol{A}}t}\boldsymbol{P}^{-1}=\frac{1}{9}\begin{bmatrix}1 & 1 & 1\\ 2 & -1 & 0\\ 4 & 1 & -1\end{bmatrix}\begin{bmatrix}e^{-2t} & 0 & 0\\ 0 & e^{-t} & te^{-t}\\ 0 & 0 & e^{-t}\end{bmatrix}\begin{bmatrix}1 & 2 & 1\\ 2 & -5 & 2\\ 6 & 3 & -3\end{bmatrix}$$

$$=\frac{1}{9}\begin{bmatrix}e^{2t}+(8+6t)e^{-t} & 2e^{2t}+(-2+3t)e^{-t} & e^{2t}-(1+3t)e^{-t}\\ 2e^{2t}-(2+6t)e^{-t} & 4e^{2t}+(5-3t)e^{-t} & 2e^{2t}+(-2+3t)e^{-t}\\ 4e^{2t}+(-4+6t)e^{-t} & 8e^{2t}+(-8+3t)e^{-t} & 4e^{2t}+(5-3t)e^{-t}\end{bmatrix}$$

$$=\begin{bmatrix}\frac{8}{9}e^{-t}+\frac{2}{3}te^{-t}+\frac{1}{9}e^{2t} & -\frac{2}{9}e^{-t}+\frac{1}{3}te^{-t}+\frac{2}{9}e^{2t} & -\frac{1}{9}e^{-t}-\frac{1}{3}te^{-t}+\frac{1}{9}e^{2t}\\ -\frac{2}{9}e^{-t}-\frac{2}{3}te^{-t}+\frac{2}{9}e^{2t} & \frac{5}{9}e^{-t}-\frac{1}{3}te^{-t}+\frac{4}{9}e^{2t} & -\frac{2}{9}e^{-t}+\frac{1}{3}te^{-t}+\frac{2}{9}e^{2t}\\ -\frac{4}{9}e^{-t}+\frac{2}{3}te^{-t}+\frac{4}{9}e^{2t} & -\frac{8}{9}e^{-t}+\frac{1}{3}te^{-t}+\frac{8}{9}e^{2t} & \frac{5}{9}e^{-t}-\frac{1}{3}te^{-t}+\frac{4}{9}e^{2t}\end{bmatrix}$$

4. 应用凯莱一哈密顿定理计算

设系统特征多项式为

$$f(\lambda)=|\lambda\boldsymbol{I}-\boldsymbol{A}|=\lambda^n+a_{n-1}\lambda^{n-1}+\cdots+a_1\lambda+a_0$$

根据凯莱-哈密顿定理可知，$\boldsymbol{A}$ 为其相应特征方程的矩阵根，即有

$$f(\boldsymbol{A})=\boldsymbol{A}^n+a_{n-1}\boldsymbol{A}^{n-1}+\cdots+a_1\boldsymbol{A}+a_0\boldsymbol{I}=0$$

$$\boldsymbol{A}^n=a_{n-1}\boldsymbol{A}^{n-1}-a_{n-2}\boldsymbol{A}^{n-2}-\cdots-a_1\boldsymbol{A}-a_0\boldsymbol{I}$$

$$\begin{aligned}\boldsymbol{A}^{n+1}=\boldsymbol{A}\boldsymbol{A}^n&=-a_{n-1}\boldsymbol{A}^n-a_{n-2}\boldsymbol{A}^{n-1}-\cdots-a_1\boldsymbol{A}^2-a_0\boldsymbol{A}\\&=-a_{n-1}(-a_{n-1}\boldsymbol{A}^{n-1}-a_{n-2}\boldsymbol{A}^{n-2}-\cdots-a_1\boldsymbol{A}-a_0\boldsymbol{I})-a_{n-2}\boldsymbol{A}^{n-1}-\cdots-a_1\boldsymbol{A}^2-a_0\boldsymbol{A}\\&=(a_{n-1}^2-a_{n-2})\boldsymbol{A}^{n-1}+(a_{n-1}a_{n-2}-a_{n-3})\boldsymbol{A}^{n-2}+\cdots+(a_{n-1}a_1-a_0)\boldsymbol{A}+a_{n-1}a_0\boldsymbol{I}\end{aligned}$$

应用上述结论可得

$$e^{\boldsymbol{A}t}=\boldsymbol{I}+\boldsymbol{A}t+\frac{1}{2!}\boldsymbol{A}^2t^2+\cdots+\frac{1}{k!}\boldsymbol{A}^kt^k+\cdots=\alpha_0(t)\boldsymbol{I}+\alpha_1(t)\boldsymbol{A}+\cdots+\alpha_{n-1}(t)\boldsymbol{A}^{n-1}$$

这种方法将 $e^{\boldsymbol{A}t}$ 的无穷项和表达式化为 $\boldsymbol{A}^{n-1},\cdots,\boldsymbol{A}$，$\boldsymbol{I}$ 的有限项和表达式，其中，$\alpha_0(t)$，$\alpha_1(t)$，…，$\alpha_{n-1}(t)$为时间 t 的某组标量函数。

例 3-6 已知系统矩阵为

$$\boldsymbol{A}=\begin{bmatrix}0&1\\-2&-3\end{bmatrix}$$

求系统的矩阵指数函数。

解 先求系统特征值多项式

$$f(\lambda)=|\lambda\boldsymbol{I}-\boldsymbol{A}|=\lambda^2+3\lambda+2$$

再由凯莱-哈密顿定理得

$$\boldsymbol{A}^2+3\boldsymbol{A}+2\boldsymbol{I}=0$$

$$\boldsymbol{A}^2=-3\boldsymbol{A}-2\boldsymbol{I}$$

$$\boldsymbol{A}^3=\boldsymbol{A}\boldsymbol{A}^2=-3\boldsymbol{A}^2-2\boldsymbol{A}=-3(-3\boldsymbol{A}-2\boldsymbol{I})-2\boldsymbol{A}=7\boldsymbol{A}+6\boldsymbol{I}$$

$$\boldsymbol{A}^4=\boldsymbol{A}\boldsymbol{A}^3=-15\boldsymbol{A}-14\boldsymbol{I}$$

于是

$$\begin{aligned}e^{\boldsymbol{A}t}&=\boldsymbol{I}+\boldsymbol{A}t+\frac{1}{2!}\boldsymbol{A}^2t^2+\cdots+\frac{1}{k!}\boldsymbol{A}^kt^k+\cdots\\&=\boldsymbol{I}+\boldsymbol{A}t+\frac{1}{2}(-3\boldsymbol{A}-2\boldsymbol{I})t^2+\frac{1}{6}(7\boldsymbol{A}+6\boldsymbol{I})t^3+\frac{1}{24}(-15\boldsymbol{A}-14\boldsymbol{I})t^4+\cdots\\&=\left(1-t^2+t^3-\frac{7}{12}t^4+\cdots\right)\boldsymbol{I}+\left(t-\frac{3}{2}t^2+\frac{7}{6}t^3-\frac{15}{24}t^4+\cdots\right)\boldsymbol{A}\end{aligned}$$

其中，

$$\alpha_0(t)=1-t^2+t^3-\frac{7}{12}t^4+\cdots$$

$$\alpha_1(t)=t-\frac{3}{2}t^2+\frac{7}{6}t^3-\frac{15}{24}t^4+\cdots$$

最后得

$$e^{\boldsymbol{A}t}=\alpha_0(t)\boldsymbol{I}+\alpha_1(t)\boldsymbol{A}$$

上述方法计算工作量大且无解析表达式。

当 $\boldsymbol{A}$ 的特征值互异时，计算常系数的公式为

$$\begin{bmatrix} \alpha_0(t) \\ \alpha_1(t) \\ \vdots \\ \alpha_{n-1}(t) \end{bmatrix} = \begin{bmatrix} 1 & \lambda_1 & \lambda_1^2 & \cdots & \lambda_1^{n-1} \\ 1 & \lambda_2 & \lambda_2^2 & \cdots & \lambda_2^{n-1} \\ \vdots & \vdots & \vdots & & \vdots \\ 1 & \lambda_n & \lambda_n^2 & \cdots & \lambda_n^{n-1} \end{bmatrix}^{-1} \begin{bmatrix} e^{\lambda_1 t} \\ e^{\lambda_2 t} \\ \vdots \\ e^{\lambda_n t} \end{bmatrix} \tag{3-5}$$

当 $\boldsymbol{A}$ 有重特征值(λ_1)时，计算常系数的公式为

$$\begin{bmatrix} \alpha_0(t) \\ \alpha_1(t) \\ \alpha_1(t) \\ \vdots \\ \alpha_{n-1}(t) \end{bmatrix} = \begin{bmatrix} 1 & \lambda_1 & \lambda_1^2 & \cdots & \lambda_1^{(n-1)} \\ 0 & 1 & 2\lambda_1 & \cdots & (n-1)\lambda^{n-2} \\ 0 & 0 & 1 & \cdots & \dfrac{(n-1)(n-2)}{2!}\lambda_1^{n-3} \\ \vdots & \vdots & \vdots & \vdots & \vdots \\ 0 & 0 & 0 & \cdots & 1 \end{bmatrix} \begin{bmatrix} e^{\lambda_1 t} \\ te^{\lambda_1 t} \\ \dfrac{1}{2}t^2 e^{\lambda_1 t} \\ \vdots \\ \dfrac{1}{(n-1)!}t^{n-1} e^{\lambda_1 t} \end{bmatrix} \tag{3-6}$$

例 3-7 已知系统矩阵为

$$\boldsymbol{A} = \begin{bmatrix} 0 & 1 \\ -2 & -3 \end{bmatrix}$$

求系统的矩阵指数函数。

解 先求系统特征值，为 $\lambda_1=-1$，$\lambda_2=-2$。

再根据式(3-5)求系数：

$$\begin{bmatrix} \alpha_0(t) \\ \alpha_1(t) \end{bmatrix} = \begin{bmatrix} 1 & -1 \\ 1 & -2 \end{bmatrix}^{-1} \begin{bmatrix} e^{-t} \\ e^{-2t} \end{bmatrix} = \begin{bmatrix} 2e^{-t}-e^{-2t} \\ e^{-t}-e^{-2t} \end{bmatrix}$$

最后得

$$\begin{aligned} e^{\boldsymbol{A}t} &= \alpha_0(t)I + \alpha_1(t)\boldsymbol{A} \\ &= \begin{bmatrix} 2e^{-t}-e^{-2t} & 0 \\ 0 & 2e^{-t}-e^{-2t} \end{bmatrix} + \begin{bmatrix} 0 & e^{-t}-e^{-2t} \\ -2e^{-t}+2e^{-2t} & -3e^{-t}+3e^{-2t} \end{bmatrix} \\ &= \begin{bmatrix} 2e^{-t}-e^{-2t} & e^{-t}-e^{-2t} \\ -2e^{-t}+2e^{-2t} & -e^{-t}+2e^{-2t} \end{bmatrix} \end{aligned}$$

例 3-8 已知系统矩阵为

$$\boldsymbol{A} = \begin{bmatrix} 0 & 1 & 0 \\ 0 & 0 & 1 \\ -6 & -11 & -6 \end{bmatrix}$$

求系统的矩阵指数函数。

解 先求系统特征值，为 $\lambda_1=-1$，$\lambda_2=-2$，$\lambda_3=-3$。

再根据式(3-5)求系数：

$$\begin{bmatrix} \alpha_0(t) \\ \alpha_1(t) \\ \alpha_2(t) \end{bmatrix} = \begin{bmatrix} 1 & -1 & 1 \\ 1 & -2 & 4 \\ 1 & -3 & 9 \end{bmatrix}^{-1} \begin{bmatrix} e^{-t} \\ e^{-2t} \\ e^{-3t} \end{bmatrix} = \begin{bmatrix} 3e^{-t}-3e^{-2t}+e^{-3t} \\ \dfrac{5}{2}e^{-t}-4e^{-2t}+\dfrac{3}{2}e^{-3t} \\ \dfrac{1}{2}e^{-t}-e^{-2t}+\dfrac{1}{2}e^{-3t} \end{bmatrix}$$

最后得

$$e^{At}=\alpha_0(t)\boldsymbol{I}+\alpha_1(t)\boldsymbol{A}+\alpha_2(t)\boldsymbol{A}^2$$

$$=\begin{bmatrix} 3e^{-t}-3e^{-2t}+e^{-3t} & -\frac{5}{2}e^{-t}-4e^{-2t}+\frac{3}{2}e^{-3t} & \frac{1}{2}e^{-t}-e^{-2t}+\frac{1}{2}e^{-3t} \\ -3e^{-t}+6e^{-2t}-3e^{-3t} & -\frac{5}{2}e^{-t}+8e^{-2t}-\frac{9}{2}e^{-3t} & \frac{1}{2}e^{-t}+2e^{-2t}-\frac{3}{2}e^{-3t} \\ 3e^{-t}-12e^{-2t}+9e^{-3t} & \frac{5}{2}e^{-t}-16e^{-2t}+\frac{27}{2}e^{-3t} & \frac{1}{2}e^{-t}-4e^{-2t}+\frac{9}{2}e^{-3t} \end{bmatrix}$$

第三节 状态转移矩阵

一、状态转移矩阵的物理意义

矩阵指数函数形式上表现为数学函数，实际上它在系统运动中起着状态转移的作用。考虑齐次状态方程

$$\dot{\boldsymbol{x}}=\boldsymbol{A}\boldsymbol{x}$$

其解为

$$\boldsymbol{x}(t)=e^{\boldsymbol{A}t}\boldsymbol{x}(0)$$

或

$$\boldsymbol{x}(t)=e^{\boldsymbol{A}(t-t_0)}\boldsymbol{x}(t_0)$$

在状态空间中，随着时间的推移，矩阵指数函数不断地把初始状态换成一系列的状态变量，从而在状态空间中形成一条状态轨迹。设系统初始时刻为 t_0，终点时刻为 t_f，则系统从 t_0 时刻运动到 t_1 时刻时，$\boldsymbol{x}(t_1)=e^{\boldsymbol{A}(t_1-t_0)}\boldsymbol{x}(t_0)$，初始状态 $\boldsymbol{x}(t_0)$ 被矩阵指数函数转换成系统状态 $\boldsymbol{x}(t_1)$；同理，系统从 t_1 时刻运动到 t_2 时刻时，$\boldsymbol{x}(t_2)=e^{\boldsymbol{A}(t_2-t_0)}\boldsymbol{x}(t_0)=e^{\boldsymbol{A}(t_2-t_1)}e^{\boldsymbol{A}(t_1-t_0)}\times\boldsymbol{x}(t_0)=e^{\boldsymbol{A}(t_2-t_1)}\boldsymbol{x}(t_1)$，状态 $\boldsymbol{x}(t_1)$ 被矩阵指数函数转换成系统状态 $\boldsymbol{x}(t_2)$；一直到终点时刻 t_f，系统状态被转换到 $\boldsymbol{x}(t_f)$。将系统在状态空间中的各个点连接起来，就得到了系统的状态轨迹，如图 3-1 所示。从这个意义上说，矩阵指数函数起着一种状态转移的作用，所以又把它称为状态转移矩阵(State Transition Matrix)，并用 $\boldsymbol{\Phi}(t)$ 表示。

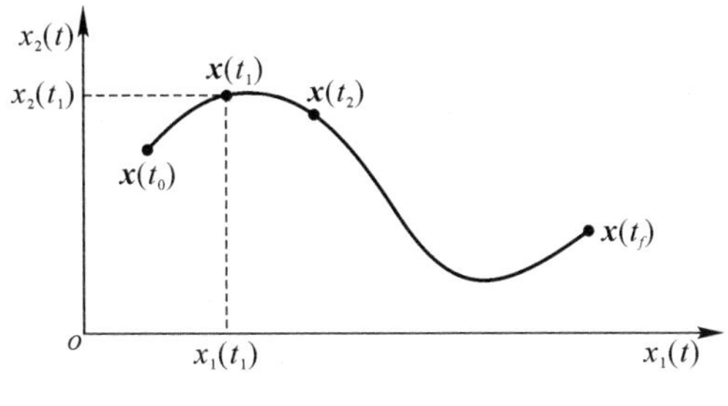

图 3-1 矩阵指数函数对初始状态的转移作用

定义 3-3 设系统矩阵为 $\boldsymbol{A}$，称 $\boldsymbol{\Phi}(t)\triangleq e^{\boldsymbol{A}(t)}$ 或 $\boldsymbol{\Phi}(t-t_0)\triangleq e^{\boldsymbol{A}(t-t_0)}$ 为系统的状态转移矩阵。

于是有

$$\boldsymbol{x}(t)=\boldsymbol{\Phi}(t)\boldsymbol{x}(0) \quad 或 \quad \boldsymbol{x}(t)=\boldsymbol{\Phi}(t-t_0)\boldsymbol{x}(t_0)$$

定理 3-1 状态转移矩阵是齐次状态方程在初始状态为 n 个基向量时的一个基本解阵。

$$\boldsymbol{e}_1=\begin{bmatrix}1\\0\\0\\\vdots\\0\end{bmatrix},\ \boldsymbol{e}_2=\begin{bmatrix}0\\1\\0\\\vdots\\0\end{bmatrix},\ \cdots,\ \boldsymbol{e}_n=\begin{bmatrix}0\\0\\0\\\vdots\\1\end{bmatrix}$$

考虑二阶系统的自由解：

$$\boldsymbol{x}(t)=\boldsymbol{\Phi}(t)\boldsymbol{x}(0)=\begin{bmatrix}\phi_{11}(t) & \phi_{12}(t)\\ \phi_{21}(t) & \phi_{22}(t)\end{bmatrix}\begin{bmatrix}x_1(0)\\x_2(0)\end{bmatrix}=\begin{bmatrix}\phi_{11}(t)\ x_1(0)+\phi_{12}(t)\ x_2(0)\\ \phi_{21}(t)\ x_1(0)+\phi_{22}(t)\ x_2(0)\end{bmatrix}$$

当初始状态取如下 2 个基向量

$$\boldsymbol{x}_1(0)=\boldsymbol{e}_1=\begin{bmatrix}1\\0\end{bmatrix},\ \boldsymbol{x}_2(0)=\boldsymbol{e}_2=\begin{bmatrix}0\\1\end{bmatrix}$$

时，二阶系统的基本解矩阵是

$$\boldsymbol{x}(t)=\begin{bmatrix}\phi_{11}(t)\\ \phi_{21}(t)\end{bmatrix},\ \boldsymbol{x}(t)=\begin{bmatrix}\phi_{12}(t)\\ \phi_{22}(t)\end{bmatrix}$$

可以看出，基本解列向量构成的矩阵即为状态转移矩阵。

例 3-9 已知二阶系统的齐次方程 $\dot{\boldsymbol{x}}=\boldsymbol{A}\boldsymbol{x}$ 在初始状态 $\boldsymbol{x}(0)=\begin{bmatrix}2\\1\end{bmatrix}$，$\boldsymbol{x}(0)=\begin{bmatrix}1\\1\end{bmatrix}$作用下的解为

$$\boldsymbol{x}(t)=\begin{bmatrix}2\mathrm{e}^{-t}\\ \mathrm{e}^{-t}\end{bmatrix},\ \boldsymbol{x}(t)=\begin{bmatrix}\mathrm{e}^{-t}+2t\mathrm{e}^{-t}\\ \mathrm{e}^{-t}+t\mathrm{e}^{-t}\end{bmatrix}$$

求系统的状态转移矩阵。

解法 1：由 $\boldsymbol{x}(t)=\boldsymbol{\Phi}(t)\boldsymbol{x}(0)$可得

$$\begin{bmatrix}2\mathrm{e}^{-t} & \mathrm{e}^{-t}+2t\mathrm{e}^{-t}\\ \mathrm{e}^{-t} & \mathrm{e}^{-t}+t\mathrm{e}^{-t}\end{bmatrix}=\begin{bmatrix}\phi_{11}(t) & \phi_{12}(t)\\ \phi_{21}(t) & \phi_{22}(t)\end{bmatrix}\begin{bmatrix}2 & 1\\1 & 1\end{bmatrix}$$

解矩阵方程得

$$\boldsymbol{\Phi}(t)=\begin{bmatrix}\phi_{11}(t) & \phi_{12}(t)\\ \phi_{21}(t) & \phi_{22}(t)\end{bmatrix}=\begin{bmatrix}\mathrm{e}^{-t}-2t\mathrm{e}^{-t} & 4t\mathrm{e}^{-t}\\ -t\mathrm{e}^{-t} & \mathrm{e}^{-t}+2t\mathrm{e}^{-t}\end{bmatrix}$$

解法 2：将已知初始状态合成上述基向量对应的初始状态，并计算出对应的基本解：

$$\left.\begin{aligned}\boldsymbol{x}(0)=\begin{bmatrix}1\\0\end{bmatrix}=\begin{bmatrix}2\\1\end{bmatrix}-\begin{bmatrix}1\\1\end{bmatrix} \quad &\Rightarrow \quad \begin{bmatrix}\phi_{11}(t)\\ \phi_{21}(t)\end{bmatrix}=\begin{bmatrix}\mathrm{e}^{-t}-2t\mathrm{e}^{-t}\\ -t\mathrm{e}^{-t}\end{bmatrix}\\ \boldsymbol{x}(0)=\begin{bmatrix}0\\1\end{bmatrix}=2\begin{bmatrix}1\\1\end{bmatrix}-\begin{bmatrix}2\\1\end{bmatrix} \quad &\Rightarrow \quad \begin{bmatrix}\phi_{12}(t)\\ \phi_{22}(t)\end{bmatrix}=\begin{bmatrix}4t\mathrm{e}^{-t}\\ \mathrm{e}^{-t}+2t\mathrm{e}^{-t}\end{bmatrix}\end{aligned}\right\}$$

合成后即可得到系统状态转移矩阵：

$$\boldsymbol{\Phi}(t)=\begin{bmatrix}\phi_{11}(t) & \phi_{12}(t)\\ \phi_{21}(t) & \phi_{22}(t)\end{bmatrix}=\begin{bmatrix}\mathrm{e}^{-t}-2t\mathrm{e}^{-t} & 4t\mathrm{e}^{-t}\\ -t\mathrm{e}^{-t} & \mathrm{e}^{-t}+2t\mathrm{e}^{-t}\end{bmatrix}$$

二、状态转移矩阵的性质

状态转移矩阵的具体数学表达式就是矩阵指数函数，因此状态转移矩阵的性质就是矩阵指数函数的性质：

(1) 设 $\boldsymbol{A}$ 为 $n\times n$ 阶矩阵，t 和 s 为两个独立的变量，则有 $\boldsymbol{\Phi}(t+s)=\boldsymbol{\Phi}(t)+\boldsymbol{\Phi}(s)$。

(2) $\boldsymbol{\Phi}(0)=\boldsymbol{I}$。

(3) $\boldsymbol{\Phi}(t)$必有逆存在，且逆为 $\boldsymbol{\Phi}(-t)$，即 $\boldsymbol{\Phi}^{-1}(t)=\boldsymbol{\Phi}(-t)$。

(4) $\dot{\boldsymbol{\Phi}}(t)=\boldsymbol{A}\boldsymbol{\Phi}(t)=\boldsymbol{\Phi}(t)\boldsymbol{A}$。

(5) $\boldsymbol{\Phi}(t_1+t_2)=\boldsymbol{\Phi}(t_1)\boldsymbol{\Phi}(t_2)=\boldsymbol{\Phi}(t_2)\boldsymbol{\Phi}(t_1)$。

(6) $\boldsymbol{\Phi}(t_2-t_0)=\boldsymbol{\Phi}(t_2-t_1)\boldsymbol{\Phi}(t_1-t_0)$。

根据性质(6)，可把一个转移过程分为若干个小的转移过程来完成，也就是说，状态转移矩阵具有传递性，如图 3-2 所示。

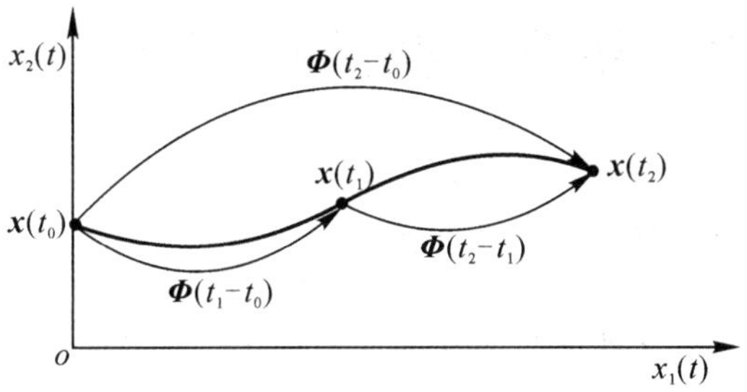

图 3-2　状态转移过程示意图

(7) $[\boldsymbol{\Phi}(t)]^n=\boldsymbol{\Phi}(nt)$。

(8) $\dfrac{\mathrm{d}}{\mathrm{d}t}\boldsymbol{\Phi}^{-1}(t-t_0)=-\boldsymbol{\Phi}(t_0-t)\boldsymbol{A}=-\boldsymbol{A}\boldsymbol{\Phi}(t_0-t)$。

例 3-10　已知系统的状态转移矩阵为

$$\boldsymbol{\Phi}(t)=\begin{bmatrix} 2\mathrm{e}^{-t}-\mathrm{e}^{-2t} & \mathrm{e}^{-t}-\mathrm{e}^{-2t} \\ -2\mathrm{e}^{-t}+2\mathrm{e}^{-2t} & -\mathrm{e}^{-t}+2\mathrm{e}^{-2t} \end{bmatrix}$$

求系统矩阵 $\boldsymbol{A}$。

解法 1：根据状态转移矩阵性质(4)有

$$\dot{\boldsymbol{\Phi}}(t)=\boldsymbol{A}\boldsymbol{\Phi}(t)=\boldsymbol{\Phi}(t)\boldsymbol{A}，t=0，\boldsymbol{\Phi}(0)=\boldsymbol{I}$$

于是得系统矩阵 $\boldsymbol{A}$ 为

$$\begin{aligned}\boldsymbol{A}&=\dot{\boldsymbol{\Phi}}(t)\big|_{t=0}\\&=\frac{\mathrm{d}}{\mathrm{d}t}\begin{bmatrix} 2\mathrm{e}^{-t}-\mathrm{e}^{-2t} & \mathrm{e}^{-t}-\mathrm{e}^{-2t} \\ -2\mathrm{e}^{-t}+2\mathrm{e}^{-2t} & -\mathrm{e}^{-t}+2\mathrm{e}^{-2t} \end{bmatrix}_{t=0}=\begin{bmatrix} -2\mathrm{e}^{-t}+2\mathrm{e}^{-2t} & \mathrm{e}^{-t}-\mathrm{e}^{-2t} \\ 2\mathrm{e}^{-t}-4\mathrm{e}^{-2t} & \mathrm{e}^{-t}-4\mathrm{e}^{-2t} \end{bmatrix}_{t=0}\\&=\begin{bmatrix} 0 & 1 \\ -2 & -3 \end{bmatrix}\end{aligned}$$

解法 2：根据状态转移矩阵性质(4)有 $\dot{\boldsymbol{\Phi}}(t)=\boldsymbol{A}\boldsymbol{\Phi}(t)$，等式两边同时右乘 $\boldsymbol{\Phi}^{-1}(t)$，得

$$\dot{\boldsymbol{\Phi}}(t)\boldsymbol{\Phi}^{-1}(t)=\boldsymbol{A}\boldsymbol{\Phi}(t)\boldsymbol{\Phi}^{-1}(t)$$

系统矩阵 **A** 为

$$\begin{aligned}\boldsymbol{A}&=\dot{\boldsymbol{\Phi}}(t)\boldsymbol{\Phi}^{-1}(t)=\dot{\boldsymbol{\Phi}}(t)\boldsymbol{\Phi}(-t)\\&=\begin{bmatrix}-2\mathrm{e}^{-t}+2\mathrm{e}^{-2t} & \mathrm{e}^{-t}-\mathrm{e}^{-2t}\\2\mathrm{e}^{-t}-4\mathrm{e}^{-2t} & \mathrm{e}^{-t}-4\mathrm{e}^{-2t}\end{bmatrix}\begin{bmatrix}2\mathrm{e}^{t}-\mathrm{e}^{2t} & \mathrm{e}^{t}-\mathrm{e}^{2t}\\-2\mathrm{e}^{t}+2\mathrm{e}^{2t} & -\mathrm{e}^{t}+2\mathrm{e}^{2t}\end{bmatrix}\\&=\begin{bmatrix}0 & 1\\-2 & -3\end{bmatrix}\end{aligned}$$

例 3-11 已知系统的状态转移矩阵为

$$\boldsymbol{\Phi}(t)=\begin{bmatrix}2\mathrm{e}^{-t}-\mathrm{e}^{-2t} & \mathrm{e}^{-t}-\mathrm{e}^{-2t}\\-2\mathrm{e}^{-t}+2\mathrm{e}^{-2t} & -\mathrm{e}^{-t}+2\mathrm{e}^{-2t}\end{bmatrix}$$

求其逆。

解 根据状态转移矩阵性质(3)有

$$\boldsymbol{\Phi}^{-1}(t)=\boldsymbol{\Phi}(-t)=\boldsymbol{\Phi}(t)\big|_{t=-t}=\begin{bmatrix}2\mathrm{e}^{t}-\mathrm{e}^{2t} & \mathrm{e}^{t}-\mathrm{e}^{2t}\\-2\mathrm{e}^{t}+2\mathrm{e}^{2t} & -\mathrm{e}^{t}+2\mathrm{e}^{2t}\end{bmatrix}$$

第四节 线性定常系统非齐次方程的解

当系统同时具有初始状态和输入控制作用时，需要用非齐次状态方程对系统进行描述。

定义 3-4 线性定常系统的非其次状态方程为

$$\dot{\boldsymbol{x}}=\boldsymbol{A}\boldsymbol{x}+\boldsymbol{B}u \tag{3-7}$$

通常采用直接法和拉氏变换法对非齐次状态方程进行求解。

一、直接法

考虑式(3-7)所示的非齐次状态方程，可采用配积分因子方法来解决问题。对式(3-7)进行整理有

$$\dot{\boldsymbol{x}}-\boldsymbol{A}\boldsymbol{x}=\boldsymbol{B}u$$

将上式两边左乘 $\mathrm{e}^{-\boldsymbol{A}t}$，得

$$\mathrm{e}^{-\boldsymbol{A}t}(\dot{\boldsymbol{x}}-\boldsymbol{A}\boldsymbol{x})=\mathrm{e}^{-\boldsymbol{A}t}\boldsymbol{B}u$$

根据复合函数求导规则有

$$\frac{\mathrm{d}}{\mathrm{d}t}(\mathrm{e}^{-\boldsymbol{A}t}\boldsymbol{x})=\mathrm{e}^{-\boldsymbol{A}t}\boldsymbol{B}u$$

在$[t_0, t]$区间内积分，得

$$\int_{t_0}^{t}\frac{\mathrm{d}}{\mathrm{d}t}\mathrm{e}^{-\boldsymbol{A}\tau}\boldsymbol{x}(\tau)\mathrm{d}\tau=\int_{t_0}^{t}\mathrm{e}^{-\boldsymbol{A}\tau}\boldsymbol{B}u(\tau)\mathrm{d}\tau$$

于是有

$$\mathrm{e}^{-\boldsymbol{A}\tau}\boldsymbol{x}(\tau)\big|_{t_0}^{t}=\int_{t_0}^{t}\mathrm{e}^{-\boldsymbol{A}\tau}\boldsymbol{B}u(\tau)\mathrm{d}\tau$$

即

$$\mathrm{e}^{-\boldsymbol{A}t}\boldsymbol{x}(t)=\mathrm{e}^{-\boldsymbol{A}t_0}\boldsymbol{x}(t_0)+\int_{t_0}^{t}\mathrm{e}^{-\boldsymbol{A}\tau}\boldsymbol{B}u(\tau)\mathrm{d}\tau$$

亦即

$$\boldsymbol{x}(t)=\mathrm{e}^{\boldsymbol{A}(t-t_0)}\boldsymbol{x}(t_0)+\int_{t_0}^{t}\mathrm{e}^{\boldsymbol{A}(t-\tau)}\boldsymbol{B}u(\tau)\mathrm{d}\tau$$

或

$$x(t)=\Phi(t-t_0)x(t_0)+\int_{t_0}^{t}\Phi(t-\tau)Bu(\tau)\mathrm{d}\tau \tag{3-8}$$

式(3-8)中，等号右边第一项是由初始状态引起的自由状态响应，也称为零输入响应；第二项是由输入引起的强迫状态响应，也称为零状态响应。

非齐次状态方程解的状态轨迹如图3-3所示。

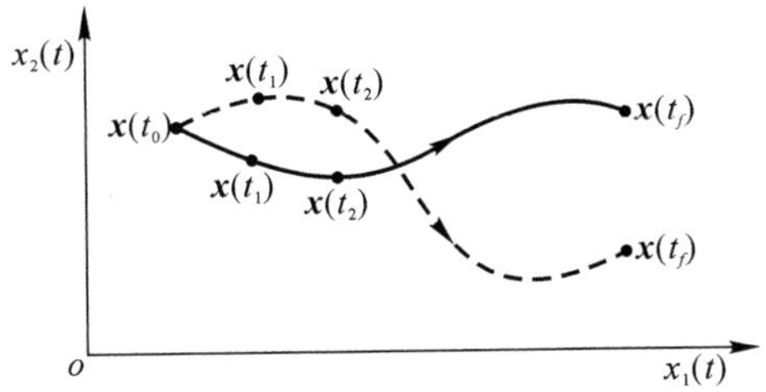

图3-3 非齐次方程解的状态轨迹

图3-3中虚线所示的状态轨迹为齐次方程的解，是由初始状态单独作用时引起的系统状态运动轨迹；实线所示的状态轨迹为非齐次方程的解，是由初始状态和输入共同作用时引起的系统状态运动轨迹。

$$\tilde{x}(t)=\Phi(t-t_0)\tilde{x}(t_0)$$

$$x(t)=\Phi(t-t_0)x(t_0)+\int_{t_0}^{t}\Phi(t-\tau)Bu(\tau)\mathrm{d}\tau$$

可见，加入外部输入 $u(t)$ 后，系统运动的状态轨迹终点由 $\tilde{x}(t_f)$ 变为 $x(t_f)$。选择不同的控制输入 $u(t)$，可以使系统运动的终点到达不同的终点位置，这是系统能控性的问题，将在课程后续内容中讨论。

例3-12 已知系统的状态方程为

$$\begin{bmatrix}\dot{x}_1\\ \dot{x}_2\end{bmatrix}=\begin{bmatrix}0 & 1\\ -2 & -3\end{bmatrix}\begin{bmatrix}x_1\\ x_2\end{bmatrix}+\begin{bmatrix}0\\ 1\end{bmatrix}u$$

其初始状态为

$$\begin{bmatrix}x_1(t)\\ x_2(t)\end{bmatrix}_{t=0}=\begin{bmatrix}1\\ 0\end{bmatrix}$$

试确定系统在单位阶跃输入作用下状态方程的解。

解 先求出系统的状态转移矩阵：

$$\Phi(t)=e^{At}=\begin{bmatrix}2e^{-t}-e^{-2t} & e^{-t}-e^{-2t}\\ -2e^{-t}+2e^{-2t} & -e^{-t}+2e^{-2t}\end{bmatrix}$$

当 $t_0=0$ 时，由式(3-8)可得

$$\begin{aligned}x(t)&=\Phi(t-t_0)x(t_0)+\int_{t_0}^{t}\Phi(t-\tau)Bu(\tau)\mathrm{d}\tau\\ &=\begin{bmatrix}2e^{-t}-e^{-2t} & e^{-t}-e^{-2t}\\ -2e^{-t}+2e^{-2t} & -e^{-t}+2e^{-2t}\end{bmatrix}\begin{bmatrix}1\\ 0\end{bmatrix}\\ &\quad+\int_{t_0}^{t}\begin{bmatrix}2e^{-(t-\tau)}-e^{-2(t-\tau)} & e^{-(t-\tau)}-e^{-2(t-\tau)}\\ 2e^{-(t-\tau)}+2e^{-2(t-\tau)} & -e^{-(t-\tau)}+2e^{-2(t-\tau)}\end{bmatrix}\begin{bmatrix}0\\ 1\end{bmatrix}1(\tau)\mathrm{d}\tau\end{aligned}$$

上式中第一项为初始状态作用下系统的响应，即

$$\boldsymbol{\Phi}(t-t_0)\boldsymbol{x}(t_0)=\begin{bmatrix}2e^{-t}-e^{-2t} & e^{-t}-e^{-2t}\\ -2e^{-t}+2e^{-2t} & -e^{-t}+2e^{-2t}\end{bmatrix}\begin{bmatrix}1\\0\end{bmatrix}=\begin{bmatrix}2e^{-t}-e^{-2t}\\ -2e^{-t}+2e^{-2t}\end{bmatrix}$$

而式中第二项为单位阶跃输入作用下的响应，即

$$\begin{aligned}\int_{t_0}^{t}\boldsymbol{\Phi}(t-\tau)\boldsymbol{B}u(\tau)d\tau&=\int_{t_0}^{t}\begin{bmatrix}2e^{-(t-\tau)}-e^{-2(t-\tau)} & e^{-(t-\tau)}-e^{-2(t-\tau)}\\ 2e^{-(t-\tau)}+2e^{-2(t-\tau)} & -e^{-(t-\tau)}+2e^{-2(t-\tau)}\end{bmatrix}\begin{bmatrix}0\\1\end{bmatrix}1(\tau)d\tau\\ &=\int_{t_0}^{t}\begin{bmatrix}e^{-(t-\tau)}-e^{-2(t-\tau)}\\ -e^{-(t-\tau)}+2e^{-2(t-\tau)}\end{bmatrix}d\tau=\begin{bmatrix}e^{-t}e^{\tau}-\dfrac{1}{2}e^{-2t}e^{2\tau}\Big|_0^t\\ -e^{-t}e^{\tau}+e^{-2t}e^{2\tau}\Big|_0^t\end{bmatrix}\\ &=\begin{bmatrix}\dfrac{1}{2}-e^{-t}+\dfrac{1}{2}e^{-2t}\\ e^{-t}-e^{-2t}\end{bmatrix}\end{aligned}$$

于是有

$$\boldsymbol{x}(t)=\begin{bmatrix}x_1(t)\\x_2(t)\end{bmatrix}=\begin{bmatrix}2e^{-t}-e^{-2t}+\dfrac{1}{2}-e^{-t}+\dfrac{1}{2}e^{-2t}\\ -2e^{-t}+2e^{-2t}+e^{-t}-e^{-2t}\end{bmatrix}=\begin{bmatrix}\dfrac{1}{2}+e^{-t}-\dfrac{1}{2}e^{-2t}\\ -e^{-t}+e^{-2t}\end{bmatrix}$$

例 3-13　已知系统的状态方程为

$$\begin{bmatrix}\dot{x}_1\\ \dot{x}_2\end{bmatrix}=\begin{bmatrix}0 & 1\\ -2 & -3\end{bmatrix}\begin{bmatrix}x_1\\x_2\end{bmatrix}+\begin{bmatrix}0\\1\end{bmatrix}u$$

其初始状态为

$$\begin{bmatrix}x_1(t)\\x_2(t)\end{bmatrix}_{t=0}=\begin{bmatrix}x_1(0)\\x_2(0)\end{bmatrix}$$

试确定系统在单位阶跃输入作用下状态方程的解。

解　先求出系统的状态转移矩阵：

$$\boldsymbol{\Phi}(t)=e^{At}=\begin{bmatrix}2e^{-t}-e^{-2t} & e^{-t}-e^{-2t}\\ -2e^{-t}+2e^{-2t} & -e^{-t}+2e^{-2t}\end{bmatrix}$$

当 $t_0=0$ 时，由式(3-8)可得

$$\begin{aligned}\boldsymbol{x}(t)&=\boldsymbol{\Phi}(t-t_0)\boldsymbol{x}(t_0)+\int_{t_0}^{t}\boldsymbol{\Phi}(t-\tau)\boldsymbol{B}u(\tau)d\tau\\ &=\begin{bmatrix}2e^{-t}-e^{-2t} & e^{-t}-e^{-2t}\\ -2e^{-t}+2e^{-2t} & -e^{-t}+2e^{-2t}\end{bmatrix}\begin{bmatrix}x_1(0)\\x_2(0)\end{bmatrix}\\ &\quad+\int_{t_0}^{t}\begin{bmatrix}2e^{-(t-\tau)}-e^{-2(t-\tau)} & e^{-(t-\tau)}-e^{-2(t-\tau)}\\ 2e^{-(t-\tau)}+2e^{-2(t-\tau)} & -e^{-(t-\tau)}+2e^{-2(t-\tau)}\end{bmatrix}\begin{bmatrix}0\\1\end{bmatrix}1(\tau)d\tau\end{aligned}$$

上式中第一项为初始状态作用下系统的响应：

$$\begin{aligned}\boldsymbol{\Phi}(t-t_0)\boldsymbol{x}(t_0)&=\begin{bmatrix}2e^{-t}-e^{-2t} & e^{-t}-e^{-2t}\\ -2e^{-t}+2e^{-2t} & -e^{-t}+2e^{-2t}\end{bmatrix}\begin{bmatrix}x_1(0)\\x_2(0)\end{bmatrix}\\ &=\begin{bmatrix}(2e^{-t}-e^{-2t})x_1(0)+(e^{-t}-e^{-2t})x_2(0)\\ (-2e^{-t}+2e^{-2t})x_1(0)+(-e^{-t}+2e^{-2t})x_2(0)\end{bmatrix}\end{aligned}$$

而式中第二项为单位阶跃输入作用下的响应：

$$\int_{t_0}^{t}\boldsymbol{\Phi}(t-\tau)\boldsymbol{B}u(\tau)\mathrm{d}\tau=\int_{t_0}^{t}\begin{bmatrix}2\mathrm{e}^{-(t-\tau)}-\mathrm{e}^{-2(t-\tau)} & \mathrm{e}^{-(t-\tau)}-\mathrm{e}^{-2(t-\tau)}\\ 2\mathrm{e}^{-(t-\tau)}+2\mathrm{e}^{-2(t-\tau)} & -\mathrm{e}^{-(t-\tau)}+2\mathrm{e}^{-2(t-\tau)}\end{bmatrix}\begin{bmatrix}0\\1\end{bmatrix}1(\tau)\mathrm{d}\tau$$

$$=\int_{t_0}^{t}\begin{bmatrix}\mathrm{e}^{-(t-\tau)}-\mathrm{e}^{-2(t-\tau)}\\ -\mathrm{e}^{-(t-\tau)}+2\mathrm{e}^{-2(t-\tau)}\end{bmatrix}\mathrm{d}\tau=\begin{bmatrix}\mathrm{e}^{-t}\mathrm{e}^{\tau}-\frac{1}{2}\mathrm{e}^{-2t}\mathrm{e}^{2\tau}\Big|_0^t\\ -\mathrm{e}^{-t}\mathrm{e}^{\tau}+\mathrm{e}^{-2t}\mathrm{e}^{2\tau}\Big|_0^t\end{bmatrix}$$

$$=\begin{bmatrix}\frac{1}{2}-\mathrm{e}^{-t}+\frac{1}{2}\mathrm{e}^{-2t}\\ \mathrm{e}^{-t}-\mathrm{e}^{-2t}\end{bmatrix}$$

于是有

$$\boldsymbol{x}(t)=\begin{bmatrix}x_1(t)\\x_2(t)\end{bmatrix}=\begin{bmatrix}\frac{1}{2}+(2x_1(0)+x_2(0)-1)\mathrm{e}^{-t}-\left(x_1(0)+x_2(0)-\frac{1}{2}\right)\mathrm{e}^{-2t}\\ -(2x_1(0)+x_2(0)-1)\mathrm{e}^{-t}+(2x_1(0)+2x_2(0)-1)\mathrm{e}^{-2t}\end{bmatrix}$$

二、拉式变换法

对式(3－7)两边同时取拉氏变换有

$$s\boldsymbol{X}(s)-\boldsymbol{X}(0)=\boldsymbol{A}\boldsymbol{X}(s)+\boldsymbol{B}\boldsymbol{U}(s)$$

移项并整理得

$$\boldsymbol{X}(s)=(s\boldsymbol{I}-\boldsymbol{A})^{-1}\boldsymbol{X}(0)+(s\boldsymbol{I}-\boldsymbol{A})^{-1}\boldsymbol{B}\boldsymbol{U}(s) \tag{3-9}$$

取拉氏反变换后可得

$$\boldsymbol{x}(t)=L^{-1}\boldsymbol{X}(s)=\boldsymbol{\Phi}(t-t_0)\boldsymbol{x}(t_0)+\int_{t_0}^{t}\boldsymbol{\Phi}(t-\tau)\boldsymbol{B}u(\tau)\mathrm{d}\tau$$

例 3－14 试用拉氏变换法求解例 3－13。

解 先根据式(3－9)求出系统的拉氏变换：

$$\boldsymbol{X}(s)=(s\boldsymbol{I}-\boldsymbol{A})^{-1}\boldsymbol{X}(0)+(s\boldsymbol{I}-\boldsymbol{A})^{-1}\boldsymbol{B}\boldsymbol{U}(s)$$

$$(s\boldsymbol{I}-\boldsymbol{A})=\begin{bmatrix}s & -1\\ 2 & s+3\end{bmatrix}$$

$$(s\boldsymbol{I}-\boldsymbol{A})^{-1}=\frac{1}{s^2+3s+2}\begin{bmatrix}s+3 & 1\\ -2 & s\end{bmatrix}$$

$$\boldsymbol{X}(s)=\frac{1}{s^2+3s+2}\begin{bmatrix}s+3 & 1\\ -2 & s\end{bmatrix}\begin{bmatrix}x_1(0)\\x_2(0)\end{bmatrix}+\frac{1}{s^2+3s+2}\begin{bmatrix}s+3 & 1\\ -2 & s\end{bmatrix}\begin{bmatrix}0\\1\end{bmatrix}\frac{1}{s}$$

$$=\frac{1}{s^2+3s+2}\begin{bmatrix}(s+3)x_1(0)+x_2(0)\\ -2x_1(0)+sx_2(0)\end{bmatrix}+\frac{1}{s^2+3s+2}\begin{bmatrix}\frac{1}{s}\\ 1\end{bmatrix}$$

再取拉氏反变换可得

$$\boldsymbol{x}(t)=L^{-1}\boldsymbol{X}(s)=\begin{bmatrix}\frac{1}{2}+(2x_1(0)+x_2(0)-1)\mathrm{e}^{-t}-(x_1(0)+x_2(0)-\frac{1}{2})\mathrm{e}^{-2t}\\ -(2x_1(0)+x_2(0)-1)\mathrm{e}^{-t}-(2x_1(0)+2x_2(0)-1)\mathrm{e}^{-2t}\end{bmatrix}$$

例 3－15 已知系统的状态方程为

$$\begin{bmatrix}\dot{x}_1\\ \dot{x}_2\end{bmatrix}=\begin{bmatrix}0 & 1\\ -2 & -3\end{bmatrix}\begin{bmatrix}x_1\\x_2\end{bmatrix}+\begin{bmatrix}0\\1\end{bmatrix}u$$

其初始状态为

$$\begin{bmatrix} x_1(t) \\ x_2(t) \end{bmatrix}_{t=0} = \begin{bmatrix} 2 \\ 1 \end{bmatrix}$$

试确定系统在单位阶跃输入作用下状态方程的解。

解　先求出系统状态方程的拉氏变换：

$$\boldsymbol{X}(s) = (s\boldsymbol{I} - \boldsymbol{A})^{-1}\boldsymbol{X}(0) + (s\boldsymbol{I} - \boldsymbol{A})^{-1}\boldsymbol{B}U(s)$$

$$(s\boldsymbol{I} - \boldsymbol{A}) = \begin{bmatrix} s & -1 \\ 2 & s+3 \end{bmatrix}$$

$$(s\boldsymbol{I} - \boldsymbol{A})^{-1} = \frac{1}{s^2+3s+2}\begin{bmatrix} s+3 & 1 \\ -2 & s \end{bmatrix}$$

$$\boldsymbol{X}(s) = \frac{1}{s^2+3s+2}\begin{bmatrix} s+3 & 1 \\ -2 & s \end{bmatrix}\begin{bmatrix} 2 \\ 1 \end{bmatrix} + \frac{1}{s^2+3s+2}\begin{bmatrix} s+3 & 1 \\ -2 & s \end{bmatrix}\begin{bmatrix} 0 \\ 1 \end{bmatrix}\frac{1}{s}$$

$$= \frac{1}{s^2+3s+2}\begin{bmatrix} 2(s+3)+1 \\ -4+s \end{bmatrix} + \frac{1}{s^2+3s+2}\begin{bmatrix} \frac{1}{s} \\ 1 \end{bmatrix} = \frac{1}{(s+1)(s+2)}\begin{bmatrix} 2s+7+\frac{1}{s} \\ s-3 \end{bmatrix}$$

$$= \begin{bmatrix} \dfrac{2s^2+7s+1}{s(s+1)(s+2)} \\ \dfrac{s-3}{(s+1)(s+2)} \end{bmatrix} = \begin{bmatrix} \dfrac{1}{2s} + \dfrac{4}{(s+1)} - \dfrac{5}{2(s+2)} \\ \dfrac{-4}{(s+1)} + \dfrac{5}{(s+2)} \end{bmatrix}$$

再取拉氏反变换可得

$$\boldsymbol{x}(t) = L^{-1}\boldsymbol{X}(s) = \begin{bmatrix} \frac{1}{2} + 4\mathrm{e}^{-t} - \frac{5}{2}\mathrm{e}^{-2t} \\ -4\mathrm{e}^{-t} + 5\mathrm{e}^{-2t} \end{bmatrix}$$

上述求解过程中，为了容易对 $\boldsymbol{X}(s)$ 进行拉氏反变换，需要将多项式 $\boldsymbol{X}(s)$ 分解成多个简单分式之和，即

$$\boldsymbol{X}(s) = \frac{k_1}{s+p_1} + \frac{k_2}{s+p_2} + \cdots + \frac{k_n}{s+p_n}$$

可用如下公式确定各个系数：

$$k_i = (s+p_i)\boldsymbol{X}(s)\big|_{s=-p_i},\ i=1,\ 2,\ \cdots,\ n \tag{3-10}$$

且有

$$x(t) = L^{-1}[\boldsymbol{X}(s)] = L^{-1}\left[\frac{k_1}{s+p_1} + \frac{k_2}{s+p_2} + \cdots + \frac{k_n}{s+p_n}\right]$$
$$= k_1\mathrm{e}^{-p_1 t} + k_2\mathrm{e}^{-p_2 t} + \cdots + k_n\mathrm{e}^{-p_n t}$$

比如：

$$\frac{2s^2+7s+1}{s(s+1)(s+2)} = \frac{k_1}{s} + \frac{k_2}{(s+1)} + \frac{k_3}{(s+2)}$$

可求得各个系数分别为

$$k_1 = \left.\frac{2s^2+7s+1}{(s+1)(s+2)}\right|_{s=0} = \frac{1}{2}$$

$$k_2 = \left.\frac{2s^2+7s+1}{s(s+2)}\right|_{s=-1} = \frac{-4}{-1} = 4$$

$$k_3 = \left.\frac{2s^2+7s+1}{s(s+1)}\right|_{s=-2} = \frac{-5}{2} = -\frac{5}{2}$$

当 $X(s)=0$ 具有重根时，可分解为

$$\boldsymbol{X}(s)=\left[\frac{k_r}{(s+p_1)^r}+\frac{k_{r-1}}{(s+p_1)^{r-1}}+\cdots+\frac{k_1}{s+p_1}\right]+\frac{k_{r+1}}{s+p_{r+1}}+\frac{k_{r+2}}{s+p_{r+2}}+\cdots+\frac{k_n}{s+p_n}$$

式中，p_1 为 r 重根，k_1，k_2，…，k_r 为重根的系数，可按下式求取：

$$k_{r-i}=\frac{1}{i!}\frac{\mathrm{d}^i}{\mathrm{d}s^i}\left[(s+p_i)^r\boldsymbol{X}(s)\right]\Big|_{s=p_i},\ i=0,\ \cdots,\ r-1 \tag{3-11}$$

于是有

$$\begin{aligned}x(t)&=L^{-1}[\boldsymbol{X}(s)]\\&=L^{-1}\left[\frac{k_1}{s+p_1}+\frac{k_2}{(s+p_1)^2}+\cdots+\frac{k_r}{(s+p_1)^r}\right]+\frac{k_{r+1}}{s+p_{r+1}}+\frac{k_{r+2}}{s+p_{r+2}}+\cdots+\frac{k_n}{s+p_n}\\&=\left[k_1+k_2+\cdots+\frac{k_r}{(r-1)!}t^{r-1}\right]\mathrm{e}^{-p_1t}+k_{r+1}\mathrm{e}^{-p_{r+1}t}+\cdots+k_n\mathrm{e}^{-p_nt}\end{aligned}$$

比如：

$$\boldsymbol{X}(s)=\frac{1}{s\,(s+1)^2}=\frac{k_1}{s+1}+\frac{k_2}{(s+1)^2}+\frac{k_3}{s}$$

可求得各个系数分别为

$$k_1=\frac{\mathrm{d}}{\mathrm{d}s}\left[(s+1)^2\boldsymbol{X}(s)\right]\Big|_{s=-1}=\frac{\mathrm{d}}{\mathrm{d}s}\left[\frac{1}{s}\right]\Bigg|_{s=-1}=-\frac{1}{s^2}\Bigg|_{s=-1}=-1$$

$$k_2=\left[(s+1)^2\boldsymbol{X}(s)\right]\Big|_{s=-1}=\frac{1}{s}\Bigg|_{s=-1}=-1$$

$$k_3=\left[s\boldsymbol{X}(s)\right]\Big|_{s=0}=\frac{1}{(s+1)^2}\Bigg|_{s=0}=1$$

于是 $\boldsymbol{X}(s)$ 的拉氏变换可分解为

$$\boldsymbol{X}(s)=\frac{1}{s(s+1)^2}=-\frac{1}{s+1}-\frac{1}{(s+1)^2}+\frac{1}{s}$$

取拉氏反变换，可得状态 $\boldsymbol{X}(s)$ 的原函数 $x(t)$ 为

$$x(t)=1-\mathrm{e}^{-t}-t\mathrm{e}^{-t}$$

例 3-16　已知系统的状态方程为

$$\begin{bmatrix}\dot{x}_1\\\dot{x}_2\end{bmatrix}=\begin{bmatrix}0&1\\-3&-2\end{bmatrix}\begin{bmatrix}x_1\\x_2\end{bmatrix}+\begin{bmatrix}0\\1\end{bmatrix}u$$

其初始状态为

$$\begin{bmatrix}x_1(t)\\x_2(t)\end{bmatrix}_{t=0}=\begin{bmatrix}1\\1\end{bmatrix}$$

试确定系统状态方程的解。

解　先求出系统状态方程的拉氏变换：

$$\boldsymbol{X}(s)=(s\boldsymbol{I}-\boldsymbol{A})^{-1}\boldsymbol{X}(0)$$

$$(s\boldsymbol{I}-\boldsymbol{A})=\begin{bmatrix}s&-1\\3&s+2\end{bmatrix}$$

$$(s\boldsymbol{I}-\boldsymbol{A})^{-1}=\frac{1}{s^2+2s+3}\begin{bmatrix} s+2 & 1 \\ -3 & s \end{bmatrix}$$

$$=\begin{bmatrix} \dfrac{s+1}{(s+1)^2+(\sqrt{2})^2}+\dfrac{\sqrt{2}}{2}\dfrac{\sqrt{2}}{(s+1)^2+(\sqrt{2})^2} & \dfrac{\sqrt{2}}{2}\dfrac{\sqrt{2}}{(s+1)^2+(\sqrt{2})^2} \\ -\dfrac{3\sqrt{2}}{2}\dfrac{\sqrt{2}}{(s+1)^2+(\sqrt{2})^2} & \dfrac{s+1}{(s+1)^2+(\sqrt{2})^2}+\dfrac{\sqrt{2}}{2}\dfrac{\sqrt{2}}{(s+1)^2+(\sqrt{2})^2} \end{bmatrix}$$

$$L^{-1}\left[\frac{s+a}{(s+a)^2+\beta^2}\right]=\mathrm{e}^{-At}\cos(\beta t),\ L^{-1}\left[\frac{\beta}{(s+a)^2+(\beta)^2}\right]=\mathrm{e}^{-At}\sin(\beta t)$$

再取拉氏反变换可得

$$\mathrm{e}^{At}=L^{-1}(s\boldsymbol{I}-\boldsymbol{A})^{-1}=\begin{bmatrix} \mathrm{e}^{-t}\left(\cos\sqrt{2}t+\dfrac{\sqrt{2}}{2}\sin\sqrt{2}t\right) & \dfrac{\sqrt{2}}{2}\mathrm{e}^{-t}\sin\sqrt{2}t \\ -\dfrac{3\sqrt{2}}{2}\mathrm{e}^{-t}\sin\sqrt{2}t & \mathrm{e}^{-t}\left(\cos\sqrt{2}t-\dfrac{\sqrt{2}}{2}\sin\sqrt{2}t\right) \end{bmatrix}$$

最后得

$$\boldsymbol{x}(t)=\mathrm{e}^{At}\boldsymbol{x}(0)=\begin{bmatrix} \mathrm{e}^{-t}\left(\cos\sqrt{2}t+\dfrac{\sqrt{2}}{2}\sin\sqrt{2}t\right) & \dfrac{\sqrt{2}}{2}\mathrm{e}^{-t}\sin\sqrt{2}t \\ -\dfrac{3\sqrt{2}}{2}\mathrm{e}^{-t}\sin\sqrt{2}t & \mathrm{e}^{-t}\left(\cos\sqrt{2}t-\dfrac{\sqrt{2}}{2}\sin\sqrt{2}t\right) \end{bmatrix}\begin{bmatrix} 1 \\ 1 \end{bmatrix}$$

$$=\begin{bmatrix} \mathrm{e}^{-t}\left(\cos\sqrt{2}t+\sqrt{2}\sin\sqrt{2}t\right) \\ \mathrm{e}^{-t}\left(\cos\sqrt{2}t-\sqrt{2}\sin\sqrt{2}t\right) \end{bmatrix}$$

第五节　线性时变系统的运动分析

一、线性时变系统的状态转移矩阵

定义 3-5　设连续时间线性时变系统的标量齐次方程为

$$\dot{x}(t)=a(t)x(t),\ x(t_0)=x_0$$

解之有

$$\frac{\mathrm{d}x}{\mathrm{d}t}=a(t)x(t)\quad\Rightarrow\quad\frac{\mathrm{d}x}{x(t)}=a(t)\mathrm{d}t$$

$$\ln x(t)-\ln x(t_0)=\int_{t_0}^{t}a(\tau)\mathrm{d}\tau$$

$$x(t)=\mathrm{e}^{\int_{t_0}^{t}a(\tau)\mathrm{d}\tau}x(t_0)=\exp\left[\int_{t_0}^{t}a(\tau)\mathrm{d}\tau\right]x(t_0)$$

$$\boldsymbol{\Phi}(t,\ t_0)=\exp\left[\int_{t_0}^{t}a(\tau)\mathrm{d}\tau\right]$$

$$x(t)=\boldsymbol{\Phi}(t,\ t_0)x(t_0)$$

式中，$\boldsymbol{\Phi}(t,\ t_0)$为时变系统的状态转移矩阵。推广到连续时间线性时变系统的矩阵方程：

$$\dot{\boldsymbol{x}}=\boldsymbol{A}(t)\boldsymbol{x}(t),\ \boldsymbol{x}(t_0)=\boldsymbol{x}_0 \tag{3-12}$$

定义状态转移矩阵为

$$\boldsymbol{\Phi}(t, t_0)=\begin{bmatrix}\Phi_{11}(t, t_0) & \Phi_{12}(t, t_0) & \cdots & \Phi_{1n}(t, t_0)\\ \Phi_{21}(t, t_0) & \Phi_{22}(t, t_0) & \cdots & \Phi_{2n}(t, t_0)\\ \vdots & \vdots & & \vdots\\ \Phi_{n1}(t, t_0) & \Phi_{n2}(t, t_0) & \cdots & \Phi_{nn}(t, t_0)\end{bmatrix}$$

其中，第 k 列为状态方程在初始状态

$$\begin{bmatrix}x_1(t_0)\\ x_2(t_0)\\ \vdots\\ x_k(t_0)\\ \vdots\\ x_n(t_0)\end{bmatrix}=\begin{bmatrix}0\\ 0\\ \vdots\\ 1\\ \vdots\\ 0\end{bmatrix},\ k=1, 2, \cdots, n$$

下的解。

定理 3-2　同线性定常系统一样，时变系统的状态转移矩阵也是系统的一个基本解阵。

例 3-17　设时变系统齐次状态方程为

$$\dot{\boldsymbol{x}}=\begin{bmatrix}0 & 0\\ t & 0\end{bmatrix}x$$

试求其状态转移矩阵 $\boldsymbol{\Phi}(t, t_0)$。

解　由系统的状态方程：

$$\left.\begin{aligned}\dot{x}_1&=0\\ \dot{x}_2&=tx_1\end{aligned}\right\}$$

可得

$$\left.\begin{aligned}x_1&=x_1(t_0)\\ x_2&=0.5t^2x_1(t_0)+x_2(t_0)\end{aligned}\right\}$$

代入初始状态有

$$\left.\begin{aligned}\begin{bmatrix}x_1(t_0)\\ x_2(t_0)\end{bmatrix}=\begin{bmatrix}1\\ 0\end{bmatrix}\Rightarrow\begin{bmatrix}x_1(t)\\ x_2(t)\end{bmatrix}=\begin{bmatrix}1\\ 0.5t^2\end{bmatrix}\\ \begin{bmatrix}x_1(t_0)\\ x_2(t_0)\end{bmatrix}=\begin{bmatrix}0\\ 1\end{bmatrix}\Rightarrow\begin{bmatrix}x_1(t)\\ x_2(t)\end{bmatrix}=\begin{bmatrix}0\\ 1\end{bmatrix}\end{aligned}\right\}$$

于是得

$$\boldsymbol{\Phi}(t, t_0)=\begin{bmatrix}1 & 0\\ 0.5t^2 & 1\end{bmatrix}$$

二、线性时变系统的运动规律

1. 状态转移矩阵的性质

(1) 自身性：

$$\boldsymbol{\Phi}(t, t_0)=\boldsymbol{I}$$

(2) 传递性：

$$\boldsymbol{\Phi}(t_2, t_1)\boldsymbol{\Phi}(t_1, t_0)=\boldsymbol{\Phi}(t_2, t_0)$$

(3) 可逆性：

$$\boldsymbol{\Phi}^{-1}(t, t_0)=\boldsymbol{\Phi}(t_0, t)$$

2. 状态转移矩阵的数值计算

状态转移矩阵是一个二元时变函数，它不仅是关于时刻 t 的函数，还是关于初始时刻 t_0 的函数。

一般情况下：

$$\boldsymbol{\Phi}(t, t_0)\neq\exp\left[\int_{t_0}^{t}\boldsymbol{A}(\tau)\mathrm{d}\tau\right]$$

这时

$$\boldsymbol{\Phi}(t, t_0)=\boldsymbol{I}+\int_{t_0}^{t}\boldsymbol{A}(\tau)\mathrm{d}\tau+\int_{t_0}^{t}\boldsymbol{A}(\tau_1)\left\{\int_{t_0}^{\tau_1}\boldsymbol{A}(\tau_2)\mathrm{d}\tau_2\right\}\mathrm{d}\tau_1+\cdots \tag{3-13}$$

当 $\boldsymbol{A}(t)$ 和 $\int_{t_0}^{\tau_1}\boldsymbol{A}(\tau)\mathrm{d}\tau$ 可交换，即

$$\boldsymbol{A}(t)\int_{t_0}^{t}\boldsymbol{A}(\tau)\mathrm{d}\tau=\int_{t_0}^{t}\boldsymbol{A}(\tau)\mathrm{d}\tau\boldsymbol{A}(t)$$

时，有

$$\boldsymbol{\Phi}(t, t_0)=\exp\left[\int_{t_0}^{t}\boldsymbol{A}(\tau)\mathrm{d}\tau\right]=\boldsymbol{I}+\int_{t_0}^{t}\boldsymbol{A}(\tau)\mathrm{d}\tau+\frac{1}{2!}\left[\int_{t_0}^{t}\boldsymbol{A}(\tau)\mathrm{d}\tau\right]^2+\cdots$$

3. 线性时变系统状态方程的解

定理 3-3 考虑如下线性时变系统：

$$\dot{\boldsymbol{x}}(t)=\boldsymbol{A}(t)\boldsymbol{x}(t)+\boldsymbol{B}(t)\boldsymbol{u}(t) \tag{3-14}$$

式中，$\boldsymbol{A}(t)$ 和 $\boldsymbol{B}(t)$ 的元素在时间区域内分段连续，可解得

$$\boldsymbol{x}(t)=\boldsymbol{\Phi}(t, t_0)\boldsymbol{x}(t_0)+\int_{t_0}^{t}\boldsymbol{\Phi}(t, \tau)\boldsymbol{B}(\tau)\boldsymbol{u}(\tau)\mathrm{d}\tau \tag{3-15}$$

式(3-15)可以用以下方法推导。

设式(3-14)的解为 $\boldsymbol{x}(t)=\boldsymbol{\Phi}(t, t_0)\boldsymbol{\eta}(t)$，$\boldsymbol{\eta}(t)$ 为待定系数，将其代入式(3-14)等号左边，利用复合函数求导规则有：

$$\dot{\boldsymbol{x}}(t)=\dot{\boldsymbol{\Phi}}(t, t_0)\boldsymbol{\eta}(t)+\boldsymbol{\Phi}(t, t_0)\dot{\boldsymbol{\eta}}(t)=\boldsymbol{A}(t)\boldsymbol{\Phi}(t, t_0)\boldsymbol{\eta}(t)+\boldsymbol{\Phi}(t, t_0)\dot{\boldsymbol{\eta}}(t)$$

再将其代入式(3-14)右边，有

$$\boldsymbol{A}(t)\boldsymbol{x}(t)+\boldsymbol{B}(t)\boldsymbol{u}(t)=\boldsymbol{A}(t)\boldsymbol{\Phi}(t, t_0)\boldsymbol{\eta}(t)+\boldsymbol{B}(t)\boldsymbol{u}(t)$$

对比上式可得

$$\boldsymbol{\Phi}(t, t_0)\dot{\boldsymbol{\eta}}(t)=\boldsymbol{B}(t)\boldsymbol{u}(t)$$

因此有

$$\dot{\boldsymbol{\eta}}(t)=\boldsymbol{\Phi}^{-1}(t, t_0)\boldsymbol{B}(t)\boldsymbol{u}(t)$$

其解为

$$\boldsymbol{\eta}(t)=\boldsymbol{\eta}(t_0)+\int_{t_0}^{t}\boldsymbol{\Phi}^{-1}(\tau, t_0)\boldsymbol{B}(\tau)\boldsymbol{u}(\tau)\mathrm{d}\tau$$

由假设条件：

$$\boldsymbol{x}(t)=\boldsymbol{\Phi}(t, t_0)\boldsymbol{\eta}(t)$$

得

$$\boldsymbol{\eta}(t_0)=\boldsymbol{x}(t_0),\ t=t_0$$

于是有

$$\begin{aligned}\boldsymbol{x}(t)&=\boldsymbol{\Phi}(t,\ t_0)\left[\boldsymbol{x}(t_0)+\int_{t_0}^{t}\boldsymbol{\Phi}^{-1}(\tau,\ t_0)\boldsymbol{B}(\tau)\boldsymbol{u}(\tau)\mathrm{d}\tau\right]\\&=\boldsymbol{\Phi}(t,\ t_0)x(t_0)+\boldsymbol{\Phi}(t,\ t_0)\int_{t_0}^{t}\boldsymbol{\Phi}(t_0,\ \tau)\boldsymbol{B}(\tau)\boldsymbol{u}(\tau)\mathrm{d}\tau\\&=\boldsymbol{\Phi}(t,\ t_0)x(t_0)+\int_{t_0}^{t}\boldsymbol{\Phi}(t,\ \tau)\boldsymbol{B}(\tau)\boldsymbol{u}(\tau)\mathrm{d}\tau\end{aligned}$$

例 3-18　设线性时变系统状态方程为

$$\dot{\boldsymbol{x}}=\begin{bmatrix}0 & t\\0 & \mathrm{e}^{-t}\end{bmatrix}\boldsymbol{x}+\begin{bmatrix}0 & 0\\0 & 1\end{bmatrix}\boldsymbol{u},\ y=[0\quad 1]\boldsymbol{x},\ \boldsymbol{x}(0)=\boldsymbol{0}$$

试求输入为阶跃函数时系统的解。

解　先求系统的状态转移矩阵。$t_0=0$ 时，由式(3-13)得

$$\boldsymbol{\Phi}(t,\ 0)=\boldsymbol{I}+\int_0^t\boldsymbol{A}(\tau)\mathrm{d}\tau+\int_0^t\boldsymbol{A}(\tau_1)\left[\int_0^{\tau_1}\boldsymbol{A}(\tau_2)\mathrm{d}\tau_2\right]\mathrm{d}\tau_1+\cdots$$

计算

$$\int_0^t\boldsymbol{A}(\tau)\mathrm{d}\tau=\int_0^t\begin{bmatrix}0 & t\\0 & \mathrm{e}^{-\tau}\end{bmatrix}\mathrm{d}\tau=\begin{bmatrix}0 & \dfrac{1}{2}t^2\\0 & 1-\mathrm{e}^{-\tau}\end{bmatrix}$$

$$\int_0^t\boldsymbol{A}(\tau_1)\int_0^{\tau_1}\boldsymbol{A}(\tau_2)\mathrm{d}\tau_2\mathrm{d}\tau_1=\int_0^t\begin{bmatrix}0 & \tau_1\\0 & \mathrm{e}^{-\tau_1}\end{bmatrix}\begin{bmatrix}0 & \tau_2\\0 & \mathrm{e}^{-\tau_2}\end{bmatrix}\mathrm{d}\tau_2\mathrm{d}\tau_1=\begin{bmatrix}0 & \dfrac{1}{2}t^2+t\mathrm{e}^{-t}+\mathrm{e}^{-t}-1\\0 & \dfrac{1}{2}-\mathrm{e}^{-t}+\dfrac{1}{2}\mathrm{e}^{-2t}\end{bmatrix}$$

线性时变系统的状态转移矩阵为

$$\boldsymbol{\Phi}(t,\ 0)=\begin{bmatrix}1 & t^2+t\mathrm{e}^{-t}+\mathrm{e}^{-t}-1+\cdots\\0 & \dfrac{5}{2}-2\mathrm{e}^{-t}+\dfrac{1}{2}\mathrm{e}^{-2t}+\cdots\end{bmatrix}$$

线性时变系统非齐次状态方程的解为

$$\begin{aligned}\boldsymbol{x}(t)&=\boldsymbol{\Phi}(t,\ 0)\boldsymbol{x}(0)+\int_0^t\boldsymbol{\Phi}(t,\ \tau)\boldsymbol{B}(\tau)\boldsymbol{u}(\tau)\mathrm{d}\tau\\&=\int_0^t\begin{bmatrix}1 & (t-\tau)^2+(t-\tau)\mathrm{e}^{-(t-\tau)}+\mathrm{e}^{-(t-\tau)}-1+\cdots\\0 & \dfrac{5}{2}-2\mathrm{e}^{-(t-\tau)}+\dfrac{1}{2}\mathrm{e}^{-2(t-\tau)}+\cdots\end{bmatrix}\begin{bmatrix}0 & 0\\0 & 1\end{bmatrix}\begin{bmatrix}1\\1\end{bmatrix}\mathrm{d}\tau\\&=\begin{bmatrix}\dfrac{1}{3}t^3-t+2-2\mathrm{e}^{-t}-t\mathrm{e}^{-t}+\cdots\\\dfrac{5}{2}t-\dfrac{7}{4}+2\mathrm{e}^{-t}-\dfrac{1}{4}\mathrm{e}^{-2t}+\cdots\end{bmatrix}\end{aligned}$$

习　题　3

3-1　什么是齐次状态方程？它和标量微分方程的区别是什么？

3-2 矩阵指数函数是矩阵吗？它的求解方法有哪些？

3-3 什么是状态转移矩阵？它有哪些性质？

3-4 状态转移矩阵和矩阵指数函数是一回事吗？它们之间有什么关系？

3-5 线性定常非齐次状态方程和齐次状态方程解的表达式有什么区别？

3-6 计算以下矩阵指数函数 e^{At}：

(1) $\dot{\boldsymbol{x}}=\begin{bmatrix}0 & -1\\ 4 & 0\end{bmatrix}\boldsymbol{x}$

(2) $\dot{\boldsymbol{x}}=\begin{bmatrix}-2 & 0 & 0\\ 0 & -3 & 1\\ 0 & 0 & -3\end{bmatrix}\boldsymbol{x}$

3-7 已知某二阶系统 $\dot{\boldsymbol{x}}=\boldsymbol{A}\boldsymbol{x}$ 的解如下：

(1) $\boldsymbol{x}(0)=\begin{bmatrix}1\\ -1\end{bmatrix}\Rightarrow\boldsymbol{x}(t)=\begin{bmatrix}e^{-3t}\\ -e^{-3t}\end{bmatrix}$

(2) $\boldsymbol{x}(0)=\begin{bmatrix}2\\ -1\end{bmatrix}\Rightarrow\boldsymbol{x}(t)=\begin{bmatrix}2e^{-2t}\\ -e^{-2t}\end{bmatrix}$

试求系统矩阵 $\boldsymbol{A}$。

3-8 系统状态方程为 $\dot{\boldsymbol{x}}=\begin{bmatrix}1 & 0\\ 1 & 1\end{bmatrix}\boldsymbol{x}+\begin{bmatrix}1\\ 1\end{bmatrix}u$，当 $\boldsymbol{x}(0)=\begin{bmatrix}0\\ 3\end{bmatrix}$时，试求系统在单位阶跃输入作用下的状态响应。

3-9 下列矩阵是否满足状态转移矩阵的条件？若满足，求对应的 $\boldsymbol{A}$ 矩阵。

(1) $\boldsymbol{\Phi}(t)=\begin{bmatrix}1 & \frac{1}{2}(1-e^{-2t})\\ 0 & e^{-2t}\end{bmatrix}$

(2) $\boldsymbol{\Phi}(t)=\begin{bmatrix}2e^{-t}-e^{-2t} & 2e^{-t}-2e^{-2t}\\ e^{-t}-e^{-2t} & 2e^{-t}-e^{-2t}\end{bmatrix}$

(3) $\boldsymbol{\Phi}(t)=\begin{bmatrix}1 & 0 & 0\\ 0 & \sin t & \cos t\\ 0 & -\cos t & \sin t\end{bmatrix}$

3-10 已知系统 $\dot{\boldsymbol{x}}=\boldsymbol{A}\boldsymbol{x}$ 的矩阵指数函数为

$$e^{At}=\begin{bmatrix}e^{-t} & 0 & 0\\ 0 & (1-2t)e^{-2t} & 4te^{-2t}\\ 0 & -te^{-2t} & (1+2t)e^{-2t}\end{bmatrix}$$

试确定系统矩阵 $\boldsymbol{A}$，并求出系统的特征方程及特征值。

3-11 已知控制系统状态空间表达式为

$$\left.\begin{aligned}\dot{\boldsymbol{x}}&=\begin{bmatrix}0 & 1\\ 0 & -2\end{bmatrix}\boldsymbol{x}+\begin{bmatrix}0\\ 1\end{bmatrix}u\\ y&=[2\quad 0]\boldsymbol{x}\end{aligned}\right\}$$

(1) 求传递函数 $Y(s)/U(s)$；

(2) 当 $\boldsymbol{x}(0)=\begin{bmatrix}0\\ 3\end{bmatrix}$，输入 $u(t)=0$ 时，求系统输出 $y(t)$。

3-12　已知系统状态空间描述中的各矩阵为

$$\boldsymbol{A}=\begin{bmatrix}0 & 1\\ -2 & -3\end{bmatrix},\ \boldsymbol{B}=\begin{bmatrix}1 & 0\\ 1 & 1\end{bmatrix},\ \boldsymbol{C}=\begin{bmatrix}2 & 1\\ 1 & 1\\ -2 & -1\end{bmatrix},\ \boldsymbol{D}=\begin{bmatrix}3 & 0\\ 0 & 0\\ 0 & 1\end{bmatrix}$$

若初始状态 $\boldsymbol{x}(0)=\boldsymbol{0}$，输入 $u_1(t)=1(t)$，$u_2(t)=0$，求系统的状态响应 $\boldsymbol{x}(t)$。

3-13　设二阶系统为

$$\dot{\boldsymbol{x}}(t)=\begin{bmatrix}-a & 0\\ 0 & -b\end{bmatrix}\boldsymbol{x}(t)+\begin{bmatrix}1\\ 1\end{bmatrix}u(t),\ \boldsymbol{x}(0)=\begin{bmatrix}1\\ 1\end{bmatrix}$$

$$y(t)=\begin{bmatrix}1 & 1\end{bmatrix}\boldsymbol{x}(t)$$

试求出系统输入 $u(t)=1(t)$时，系统的状态响应 $\boldsymbol{x}(t)$和输出响应 $\boldsymbol{y}(t)$。

3-14　已知系统的状态空间表达式为

$$\left.\begin{aligned}\dot{\boldsymbol{x}}&=\begin{bmatrix}-5 & -1\\ 6 & 0\end{bmatrix}\boldsymbol{x}+\begin{bmatrix}0\\ 2\end{bmatrix}u\\ y&=\begin{bmatrix}0 & 1\end{bmatrix}\boldsymbol{x}\end{aligned}\right\}$$

(1) 求系统的状态转移矩阵 $\boldsymbol{\Phi}(t)$；

(2) 当输入 $u(t)=1(t)$，初始条件 $\boldsymbol{x}(0)=\begin{bmatrix}0\\ 3\end{bmatrix}$时，求输出 $y(t)$。

第四章　线性系统的能控性与能观测性

本章主要介绍线性系统定性分析方法，包括系统能控性和能观测性的定义、物理意义、判别准则，对偶系统的定义和对偶原理，系统的能控和能观测标准型，线性系统结构分解和状态空间实现等内容。

第一节　线性系统的能控性

系统的能控性和能观测性分析不需要给出系统状态的解析解，而是定性地描述输入对状态的控制能力和输出对状态的反映能力。

一、能控性定义

考虑线性定常系统

$$\dot{\boldsymbol{x}}=\boldsymbol{A}\boldsymbol{x}+\boldsymbol{B}\boldsymbol{u} \tag{4-1}$$

1. 状态能控

定义 4-1　如果存在一个分段连续的输入，能在有限时间内，使系统从某一初始状态转移到指定的任一终端状态，则称此状态是能控的。

二维系统状态能控的物理解释如图 4-1 所示。

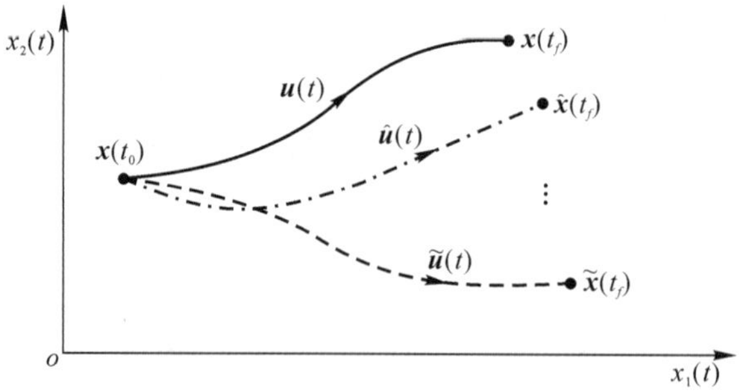

图 4-1　系统的能控性示意图

图 4-1 中，对状态 $\boldsymbol{x}(t_0)$来说，存在一个分段连续的输入 $\boldsymbol{u}(t)$，$\hat{\boldsymbol{u}}(t)$，…，$\tilde{\boldsymbol{u}}(t)$，能在有限的时间内将系统的状态转移指定为任一终端状态 $\boldsymbol{x}(t_f)$，$\hat{\boldsymbol{x}}(t_f)$，…，$\tilde{\boldsymbol{x}}(t_f)$，因此称 $\boldsymbol{x}(t_0)$是状态能控的。

2. 系统能控

定义 4-2　若系统的所有状态都是能控的，则称此系统是状态完全能控的，简称系统是能控的。

二、能控性判别准则

准则 4-1：考虑式(4-1)所示的线性定常系统，其系统能控的充要条件是由 $\boldsymbol{A}$、$\boldsymbol{B}$ 阵所构成的能控性判别矩阵满秩，即

$$\text{rank}\ \boldsymbol{Q}_c=n$$

其中，

$$\boldsymbol{Q}_c=[\boldsymbol{B}\ \vdots\ \boldsymbol{AB}\ \vdots\ \boldsymbol{A}^2\boldsymbol{B}\cdots\boldsymbol{A}^{n-1}\boldsymbol{B}]$$

例 4-1　试判别下列系统的能控性。

$$\begin{bmatrix}\dot{x}_1\\ \dot{x}_2\end{bmatrix}=\begin{bmatrix}-2 & 1\\ 0 & -1\end{bmatrix}\begin{bmatrix}x_1\\ x_2\end{bmatrix}+\begin{bmatrix}1\\ 0\end{bmatrix}u$$

解　计算能控判别阵：

$$\boldsymbol{Q}_c=[\boldsymbol{B}\ \vdots\ \boldsymbol{AB}]=\begin{bmatrix}1 & -2\\ 0 & 0\end{bmatrix}$$

能控判别阵的秩：

$$\text{rank}\ \boldsymbol{Q}_c=1$$

能控判别阵的秩为1，小于系统阶次($n=2$)，这表明系统是不能控的。

例 4-2　试判别下列系统的能控性。

$$\begin{bmatrix}\dot{x}_1\\ \dot{x}_2\end{bmatrix}=\begin{bmatrix}0 & 1\\ -1 & 0\end{bmatrix}\begin{bmatrix}x_1\\ x_2\end{bmatrix}+\begin{bmatrix}0\\ 1\end{bmatrix}\boldsymbol{u}$$

解　计算能控判别阵：

$$\boldsymbol{Q}_c=[\boldsymbol{B}\ \vdots\ \boldsymbol{AB}]=\begin{bmatrix}0 & 1\\ 1 & 0\end{bmatrix}$$

能控判别阵的秩：

$$\text{rank}\ \boldsymbol{Q}_c=2$$

能控判别阵的秩为2，等于系统阶次($n=2$)，这表明系统是能控的。

例 4-3　试判别下列系统的能控性。

$$\begin{bmatrix}\dot{x}_1\\ \dot{x}_2\\ \dot{x}_3\end{bmatrix}=\begin{bmatrix}1 & 1 & 0\\ 0 & 1 & 0\\ 0 & 1 & 1\end{bmatrix}\begin{bmatrix}x_1\\ x_2\\ x_3\end{bmatrix}+\begin{bmatrix}0 & 1\\ 1 & 0\\ 0 & 1\end{bmatrix}\begin{bmatrix}u_1\\ u_2\end{bmatrix}$$

解　计算能控判别阵

$$\boldsymbol{Q}_c=[\boldsymbol{B}\ \vdots\ \boldsymbol{AB}\ \vdots\ \boldsymbol{A}^2\boldsymbol{B}]$$

$$\boldsymbol{AB}=\begin{bmatrix}1 & 1 & 0\\ 0 & 1 & 0\\ 0 & 1 & 1\end{bmatrix}\begin{bmatrix}0 & 1\\ 1 & 0\\ 0 & 1\end{bmatrix}=\begin{bmatrix}1 & 1\\ 1 & 0\\ 1 & 1\end{bmatrix}$$

$$\boldsymbol{A}^2\boldsymbol{B}=\boldsymbol{A}\cdot\boldsymbol{AB}=\begin{bmatrix}1 & 1 & 0\\ 0 & 1 & 0\\ 0 & 1 & 1\end{bmatrix}\begin{bmatrix}1 & 1\\ 1 & 0\\ 1 & 1\end{bmatrix}=\begin{bmatrix}2 & 1\\ 1 & 0\\ 2 & 1\end{bmatrix}$$

$$Q_c=\begin{bmatrix}0&1&1&1&2&1\\1&0&1&0&1&0\\0&1&1&1&2&1\end{bmatrix}$$

判别能控判别阵的秩。Q_c的第一行和第三行相同，秩降1，因此

$$\text{rank}\ Q_c=2$$

能控判别阵的秩为2，小于系统阶次($n=3$)，这表明系统是不能控的。

当系统阶次和输入维数都比较大，判别的秩比较困难，可以用下列公式计算：

$$\text{rank}\ Q_c=\text{rank}\ Q_cQ_c^T$$

式中，$Q_cQ_c^T$ 是 $n\times n$ 的方阵。如例4-3中的

$$Q_cQ_c^T=\begin{bmatrix}0&1&1&1&2&1\\1&0&1&0&1&0\\0&1&1&1&2&1\end{bmatrix}\begin{bmatrix}0&1&0\\1&0&1\\1&1&1\\1&0&1\\2&1&2\\1&0&1\end{bmatrix}=\begin{bmatrix}8&3&8\\3&3&3\\8&3&8\end{bmatrix}$$

准则4-2：设线性定常系统具有互异的特征值，则其状态完全能控的充分必要条件是系统经非奇异变换后的对角线标准型

$$\dot{\tilde{x}}=\begin{bmatrix}\lambda_1&0&\cdots&0\\0&\lambda_2&\cdots&0\\\vdots&\vdots&&\vdots\\0&0&\cdots&\lambda_n\end{bmatrix}\tilde{x}+\tilde{B}u$$

式中：$\tilde{B}$ 阵中不包含元素全为0的行。

例4-4 试判别下列系统的能控性。

(1) $$\begin{bmatrix}\dot{x}_1\\\dot{x}_2\\\dot{x}_3\end{bmatrix}=\begin{bmatrix}-7&0&0\\0&-5&0\\0&0&-1\end{bmatrix}\begin{bmatrix}x_1\\x_2\\x_3\end{bmatrix}+\begin{bmatrix}0&1\\4&0\\7&5\end{bmatrix}\begin{bmatrix}u_1\\u_2\end{bmatrix}$$

(2) $$\begin{bmatrix}\dot{x}_1\\\dot{x}_2\\\dot{x}_3\end{bmatrix}=\begin{bmatrix}-7&0&0\\0&-5&0\\0&0&-1\end{bmatrix}\begin{bmatrix}x_1\\x_2\\x_3\end{bmatrix}+\begin{bmatrix}0&0\\4&0\\7&5\end{bmatrix}\begin{bmatrix}u_1\\u_2\end{bmatrix}$$

解 根据能控性判别准则4-2可见：

(1) 系统输入矩阵中的每一行都不全为0，因此系统是能控的；

(2) 系统输入矩阵中的第一行全为0，因此系统是不能控的。

准则4-3：设线性定常系统具有重特征值，且每一重特征值只对应一个特征向量，则系统状态完全能控的充要条件是经非奇异变换后的约当标准型：

$$\dot{\tilde{x}}=\begin{bmatrix}J_1&0&\cdots&0\\0&J_2&\cdots&0\\\vdots&\vdots&&\vdots\\0&0&\cdots&J_k\end{bmatrix}\tilde{x}+\tilde{B}u$$

每个约当块最后一行对应 $\tilde{B}$ 中行的元素不全为0。

例 4-5　试判别下列系统的能控性。

$$\dot{\boldsymbol{x}}=\begin{bmatrix}-2 & -2 & -1\\ 0 & -2 & 0\\ 1 & -4 & 0\end{bmatrix}\boldsymbol{x}+\begin{bmatrix}0\\0\\1\end{bmatrix}u$$

解法 1：采用能控判别准则 4-2 判断。

将系统化成约当标准型，系统特征多项式为

$$\det(\lambda \boldsymbol{I}-\boldsymbol{A})=\lambda(\lambda+2)^2+(\lambda+2)=(\lambda+1)^2(\lambda+2)$$

解得特征值为

$$\lambda_{1,2}=-1,\ \lambda_3=-2$$

对应的特征向量为

$$\boldsymbol{p}=\begin{bmatrix}-1 & 0 & 0\\ 0 & 0 & 1\\ 1 & 1 & 2\end{bmatrix}\quad\Rightarrow\quad \boldsymbol{p}^{-1}=\begin{bmatrix}-1 & 0 & 0\\ 1 & -2 & 1\\ 0 & 1 & 0\end{bmatrix}$$

系统的约当标准型为

$$\dot{\tilde{\boldsymbol{x}}}=\boldsymbol{Q}^{-1}\tilde{\boldsymbol{A}}\boldsymbol{Q}\tilde{\boldsymbol{x}}+\boldsymbol{Q}^{-1}\tilde{\boldsymbol{B}}\boldsymbol{u}=\begin{bmatrix}-1 & 1 & 0\\ 0 & -1 & 0\\ 0 & 0 & -2\end{bmatrix}\tilde{\boldsymbol{x}}+\begin{bmatrix}0\\1\\0\end{bmatrix}u$$

虽然第一个约当块最后一行对应 $\tilde{\boldsymbol{B}}$ 阵中的行元素不全为 0，但第二个约当块对应 $\tilde{\boldsymbol{B}}$ 的元素为 0，这表明系统不能控。

解法 2：采用能控性判别准则 4-1 判别。

计算能控判别阵：

$$\boldsymbol{Q}_c=[\boldsymbol{B}\ \vdots\ \boldsymbol{AB}\ \vdots\ \boldsymbol{A}^2\boldsymbol{B}]$$

$$\boldsymbol{AB}=\begin{bmatrix}-2 & 2 & 1\\ 0 & -2 & 0\\ 1 & -4 & 0\end{bmatrix}\begin{bmatrix}0\\0\\1\end{bmatrix}=\begin{bmatrix}-1\\0\\0\end{bmatrix}$$

$$\boldsymbol{A}^2\boldsymbol{B}=\boldsymbol{A}\cdot\boldsymbol{AB}\begin{bmatrix}-2 & 2 & 1\\ 0 & -2 & 0\\ 1 & -4 & 0\end{bmatrix}\begin{bmatrix}-1\\0\\0\end{bmatrix}=\begin{bmatrix}2\\0\\-1\end{bmatrix}$$

$$\boldsymbol{Q}_c=\begin{bmatrix}0 & -1 & 2\\ 0 & 0 & 0\\ 1 & 0 & -1\end{bmatrix}$$

判别能控判别阵的秩。$\boldsymbol{Q}_c$ 的第二行元素全为 0，秩降 1，因此

$$\operatorname{rank}\boldsymbol{Q}_c=2$$

能控判别阵的秩为 2，小于系统阶次($n=3$)，这表明系统是不能控的。

第二节　线性系统的能观测性

一、能观测性定义

考虑线性定常系统

$$\left.\begin{aligned}\dot{\boldsymbol{x}}&=\boldsymbol{Ax}+\boldsymbol{Bu}\\ \boldsymbol{y}&=\boldsymbol{Cx}\end{aligned}\right\}\tag{4-2}$$

1. 状态能观测

定义 4-3 如果对任意给定的输入，都存在一个有限观测时间，从而根据观测期间的输出能唯一确定系统在初始时刻的状态，则称状态是能观测的。

2. 系统能观测

定义 4-4 若系统的每个状态都是能观测的，则称系统是状态完全能观测的，简称系统是能观测的。

系统能观测的本质是通过输出反映系统的内部状态。

二、能观测性判别准则

准则 4-4：考虑式(4-2)所示的线性定常系统，其状态完全能观测的充分必要条件是其能观测判别矩阵满秩，即

$$\text{rank}\ \boldsymbol{Q}_{\text{o}}=n$$

其中，

$$\boldsymbol{Q}_{\text{o}}=\begin{bmatrix}\boldsymbol{C}\\ \boldsymbol{CA}\\ \vdots\\ \boldsymbol{CA}^{n-1}\end{bmatrix}$$

例 4-6 试判别下列系统的能观测性。

$$\dot{\boldsymbol{x}}=\begin{bmatrix}2 & -1\\ 1 & -3\end{bmatrix}\boldsymbol{x},\ \boldsymbol{y}=\begin{bmatrix}1 & 0\\ -1 & 0\end{bmatrix}\boldsymbol{x}$$

解 计算能观测判别阵：

$$\boldsymbol{Q}_{\text{o}}=\begin{bmatrix}\boldsymbol{C}\\ \boldsymbol{CA}\end{bmatrix}=\begin{bmatrix}1 & 0\\ -1 & 0\\ 2 & -1\\ -2 & 1\end{bmatrix}$$

判别能观测判别阵的秩：

$$\text{rank}\ \boldsymbol{Q}_{\text{o}}=2$$

能观测判别阵的秩为 2，等于系统阶次($n=2$)，这表明系统是能观测的。

例 4-7 试判别下列系统的能观测性。

$$\dot{\boldsymbol{x}}=\begin{bmatrix}1 & 1 & 0\\ 0 & 1 & 0\\ 0 & 1 & 1\end{bmatrix}\boldsymbol{x},\ \boldsymbol{y}=\begin{bmatrix}0 & 2 & 1\\ 1 & 1 & 0\end{bmatrix}\boldsymbol{x}$$

解 计算能观测判别阵：

$$\boldsymbol{Q}_{\text{o}}=\begin{bmatrix}\boldsymbol{C}\\ \boldsymbol{CA}\\ \boldsymbol{CA}^2\end{bmatrix}=\begin{bmatrix}0 & 2 & 1\\ 1 & 1 & 0\\ 1 & 19 & -3\\ * & * & *\\ * & * & *\\ * & * & *\end{bmatrix}$$

判别能观测判别阵的秩。对于行和列数目不等的矩阵，可以只取 $\boldsymbol{Q}_o$ 中最小的方阵并计算其秩，如 3×3 的数字部分方阵。

$$\text{rank}\ \boldsymbol{Q}_o=\text{rank}\begin{bmatrix}0 & 2 & 1\\1 & 1 & 0\\1 & 19 & -3\end{bmatrix}=3$$

能观测判别阵的秩为 3，等于系统阶次($n=3$)，这表明系统是能观测的。也可以按下述方法计算 $\boldsymbol{Q}_o$ 的秩：

$$\text{rank}\ \boldsymbol{Q}_o=\text{rank}\ \boldsymbol{Q}_o^{\mathrm{T}}\boldsymbol{Q}_o=3$$

准则 4-5：设线性定常系统具有互异的特征值，则其状态完全能观测的充分必要条件是系统经非奇异变换后的对角线标准型 $\tilde{\boldsymbol{C}}$ 阵中不包含元素全为零的列。

$$\left.\begin{aligned}\dot{\tilde{\boldsymbol{x}}}&=\begin{bmatrix}\lambda_1 & 0 & \cdots & 0\\0 & \lambda_2 & \cdots & 0\\\vdots & \vdots & & \vdots\\0 & 0 & \cdots & \lambda_n\end{bmatrix}\tilde{\boldsymbol{x}}\\ \boldsymbol{y}&=\tilde{\boldsymbol{C}}\tilde{\boldsymbol{x}}\end{aligned}\right\}$$

例 4-8　试判别下列系统的能观测性。

(1) $\dot{\boldsymbol{x}}=\begin{bmatrix}-7 & 0 & 0\\0 & -5 & 0\\0 & 0 & -1\end{bmatrix}\boldsymbol{x}$，$\boldsymbol{y}=\begin{bmatrix}6 & 4 & 5\\3 & 0 & 1\end{bmatrix}\boldsymbol{x}$

(2) $\dot{\boldsymbol{x}}=\begin{bmatrix}-7 & 0 & 0\\0 & -5 & 0\\0 & 0 & -1\end{bmatrix}\boldsymbol{x}$，$\boldsymbol{y}=\begin{bmatrix}2 & 1 & 0\\3 & 2 & 0\end{bmatrix}\boldsymbol{x}$

解　根据能观测性判别准则 4-2，可见：(1) 系统输出矩阵中的每一列都不全为 0，因此系统是能观测的；(2) 系统输出矩阵中的第 3 列全为 0，因此系统是不能观测的。

准则 4-6：设线性定常系统具有重特征值，且每一重特征值只对应一个特征向量，则系统状态完全能观测的充分必要条件是经非奇异变换后的约当标准型每个约当块对应的 $\tilde{\boldsymbol{C}}$ 阵中首列元素不全为 0。

$$\left.\begin{aligned}\dot{\tilde{\boldsymbol{x}}}&=\begin{bmatrix}\boldsymbol{J}_1 & 0 & \cdots & 0\\0 & \boldsymbol{J}_2 & \cdots & 0\\\vdots & \vdots & & \vdots\\0 & 0 & \cdots & \boldsymbol{J}_n\end{bmatrix}\tilde{\boldsymbol{x}}\\ \boldsymbol{y}&=\tilde{\boldsymbol{C}}\,\tilde{\boldsymbol{x}}\end{aligned}\right\}$$

例 4-9　试判别下列系统的能观测性。

(1) $\begin{bmatrix}\dot{x}_1\\\dot{x}_2\end{bmatrix}=\begin{bmatrix}-2 & 1\\0 & -2\end{bmatrix}\begin{bmatrix}x_1\\x_2\end{bmatrix}$，$y=\begin{bmatrix}1 & 0\end{bmatrix}\begin{bmatrix}x_1\\x_2\end{bmatrix}$

(2) $\begin{bmatrix}\dot{x}_1\\\dot{x}_2\end{bmatrix}=\begin{bmatrix}-2 & 1\\0 & -2\end{bmatrix}\begin{bmatrix}x_1\\x_2\end{bmatrix}$，$y=\begin{bmatrix}0 & 1\end{bmatrix}\begin{bmatrix}x_1\\x_2\end{bmatrix}$

解　根据能观测性判别准则 4-6 可见：(1) 系统的输出矩阵中约当块对应的首列元素不为 0，因此系统是能观测的；(2) 系统的输出矩阵中约当块对应的首列元素为 0，因此系统是不能观测的。系统能观测示意图如图 4-2 所示。

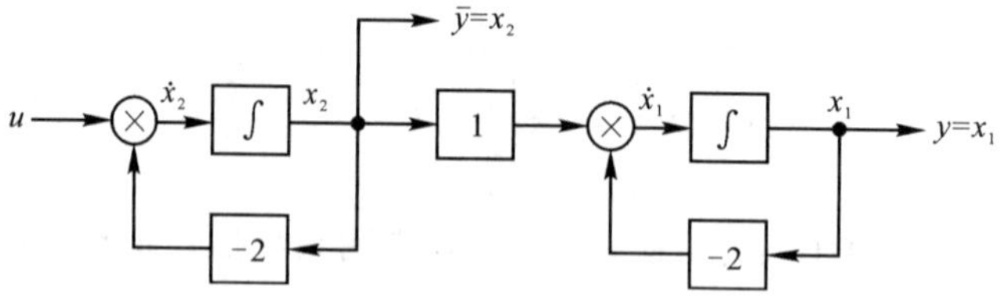

图 4-2 系统的能观测性示意图

图 4-2 中，对应于(1)系统，输出 $y=x_1$，虽然输出中未能直接反映 x_2 的信息，但由状态方程知，x_1 中包含 x_2 的信息，因此输出间接地反映了 x_2 的信息，即系统的所有状态均是能观测的，因此系统是能观测的；对应于(2)系统，输出 $\bar{y}=x_2$ 中只包含 x_2 的信息，所以在输出端反映不出 x_1 的信息，因此系统是不能观测的。

例 4-10 试判别下列系统的能观测性。

(1) $\dot{\boldsymbol{x}}=\begin{bmatrix}-2 & 1 & 0\\ 0 & -2 & 0\\ 0 & 0 & -1\end{bmatrix}\boldsymbol{x}$，$\boldsymbol{y}=\begin{bmatrix}1 & 0 & 0\\ 0 & 0 & 1\end{bmatrix}\boldsymbol{x}$

(2) $\dot{\boldsymbol{x}}=\begin{bmatrix}-2 & 1 & 0\\ 0 & -2 & 0\\ 0 & 0 & -1\end{bmatrix}\boldsymbol{x}$，$\boldsymbol{y}=\begin{bmatrix}1 & 2 & 0\\ 3 & 0 & 0\end{bmatrix}\boldsymbol{x}$

解 根据能观测性判别准则 4-6 可见：(1) 系统的输出矩阵中每个约当块对应的首列元素均不全为 0，因此系统是能观测的；(2) 系统的输出矩阵中第一个约当块对应的首列元素不全为 0，但第二个约当块对应的首列元素全为 0，因此系统是不能观测的。

第三节 对 偶 性

线性系统的能控性与能观测性之间存在着一种内在的联系，即对偶性。利用对偶关系，可以把对系统能观测性的分析转化为对其对偶系统能控性的分析，也可以把系统的能控性分析转化为对其对偶系统能观测性的分析。

一、对偶系统

1. 定义

定义 4-5 对于定常系统 $\Sigma=\{\boldsymbol{A}, \boldsymbol{B}, \boldsymbol{C}\}$ 和 $\Sigma^*=\{\boldsymbol{A}^*, \boldsymbol{B}^*, \boldsymbol{C}^*\}$ 其状态空间表达式分别为

$$\Sigma:\left.\begin{array}{l}\dot{\boldsymbol{x}}=\boldsymbol{A}\boldsymbol{x}+\boldsymbol{B}\boldsymbol{u}\\ \boldsymbol{y}=\boldsymbol{C}\boldsymbol{x}\end{array}\right\} \quad 和 \quad \Sigma^*:\left.\begin{array}{l}\dot{\boldsymbol{x}}^*=\boldsymbol{A}^*\boldsymbol{x}^*+\boldsymbol{B}^*\boldsymbol{u}\\ \boldsymbol{y}=\boldsymbol{C}^*\boldsymbol{x}^*\end{array}\right\}$$

若满足关系：

$$\boldsymbol{A}^*=\boldsymbol{A}^{\mathrm{T}}, \boldsymbol{B}^*=\boldsymbol{C}^{\mathrm{T}}, \boldsymbol{C}^*=\boldsymbol{B}^{\mathrm{T}}$$

则称定常系统 Σ 和 Σ^* 互为对偶。

对偶系统的模拟结构图如图 4-3 所示。

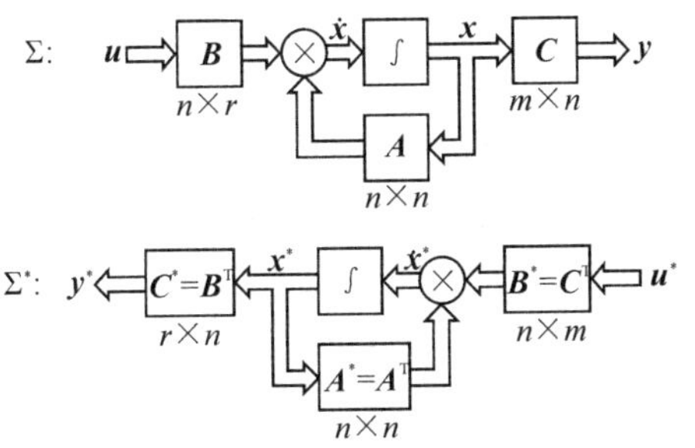

图 4-3　对偶系统的模拟结构图

2. 对偶系统的特点

互为对偶的两个系统意味着：

(1) 输入端与输出端互换；

(2) 信号传递方向反向；

(3) 信号引出点和相加点互换；

(4) 对应矩阵转置；

(5) 时间上的倒转。

二、对偶定理

定理 4-1　设定常系统 $\Sigma=\{A, B, C\}$ 和 $\Sigma^*=\{A^*, B^*, C^*\}$ 是互为对偶的两个系统，则有：

(1) 系统 Σ 的能控性等价于系统 Σ^* 的能观测性；

(2) 系统 Σ 的能观测性等价于系统 Σ^* 的能控性。

对偶定理 4-1 可由以下推导过程给出：

$$A^*=A^{\mathrm{T}},\ B^*=C^{\mathrm{T}},\ C^*=B^{\mathrm{T}}$$

$$Q_c^*=[B^* \quad A^*B^* \quad A^{*2}B^* \quad \cdots \quad A^{*(n-1)}B^*]=[C^{\mathrm{T}} \quad A^{\mathrm{T}}C^{\mathrm{T}} \quad \cdots \quad A^{(n-1)}C^{\mathrm{T}}]$$

$$Q_c^{*\mathrm{T}}=\begin{bmatrix} C \\ CA \\ \vdots \\ CA^{(n-1)} \end{bmatrix}=Q_o^*$$

第四节　能控和能观测标准型

系统的状态空间表达式是非唯一的，系统选择不同的状态变量则可以建立不同的状态方程模型。系统的状态方程具有对角线标准型时，系统的各个状态之间是解耦的。对于完全能控或完全能观的线性定常系统，也可以建立其能控标准型和能观标准型，以用于系统分析和设计中。

一、系统能控标准型

1. 单输入系统的能控标准型

定理 4-2　若单输入线性定常系统：

$$\left.\begin{aligned}\dot{\boldsymbol{x}}&=\boldsymbol{A}\boldsymbol{x}+\boldsymbol{b}u\\ y&=\boldsymbol{c}\boldsymbol{x}\end{aligned}\right\}$$

状态完全能控，则存在线性非奇异变换

$$\boldsymbol{x}=\boldsymbol{T}_c\bar{\boldsymbol{x}}$$

使其状态空间表达式化成

$$\left.\begin{aligned}\dot{\bar{\boldsymbol{x}}}&=\bar{\boldsymbol{A}}\bar{\boldsymbol{x}}+\bar{\boldsymbol{b}}u\\ y&=\bar{\boldsymbol{c}}\bar{\boldsymbol{x}}\end{aligned}\right\} \tag{4-3}$$

定义 4-6 称式(4-3)为系统的能控标准型。其中，

$$\boldsymbol{T}_c=[\boldsymbol{A}^{n-1}\boldsymbol{b}\quad \boldsymbol{A}^{n-2}\boldsymbol{b}\quad \cdots\quad \boldsymbol{b}]\begin{bmatrix}1 & & & \\ a_{n-1} & & & \\ \vdots & \ddots & & \\ a_1 & \cdots & a_{n-1} & 1\end{bmatrix}$$

$$\bar{\boldsymbol{A}}=\boldsymbol{T}_c^{-1}\boldsymbol{A}\boldsymbol{T}_c=\begin{bmatrix}0 & 1 & 0 & \cdots & 0\\ 0 & 0 & 1 & \cdots & 0\\ \vdots & \vdots & \vdots & & \vdots\\ 0 & 0 & 0 & \cdots & 1\\ -a_0 & -a_1 & -a_2 & \cdots & -a_{n-1}\end{bmatrix}$$

$$\bar{\boldsymbol{b}}=\boldsymbol{T}_c^{-1}\boldsymbol{b}=\begin{bmatrix}0\\0\\ \vdots\\ 1\end{bmatrix},\quad \bar{\boldsymbol{c}}=\boldsymbol{c}\boldsymbol{T}_c=[\beta_0\quad \beta_1\quad \cdots\quad \beta_{n-1}]$$

$$\left.\begin{aligned}\beta_0&=c(A^{n-1}\boldsymbol{b}+a_{n-1}\boldsymbol{A}^{n-2}\boldsymbol{b}+\cdots+a_1\boldsymbol{b})\\ &\vdots\\ \beta_{n-2}&=\boldsymbol{c}(\boldsymbol{A}\boldsymbol{b}+a_{n-1}\boldsymbol{b})\\ \beta_{n-1}&=\boldsymbol{c}\boldsymbol{b}\end{aligned}\right\}$$

单输入系统的能控标准型对应的模拟结构图如图 4-4 所示。

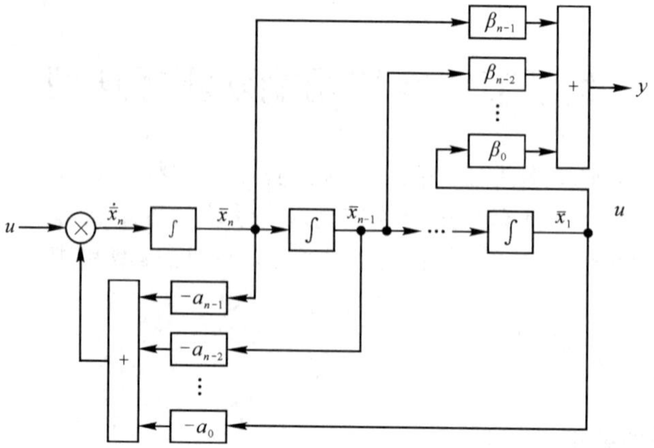

图 4-4 单输入系统能控标准型的模拟结构图

例 4-11　将下列状态空间表达式变成能控标准型。

$$\dot{\boldsymbol{x}}=\begin{bmatrix}1 & 2 & 0\\ 3 & -1 & 1\\ 0 & 2 & 0\end{bmatrix}\boldsymbol{x}+\begin{bmatrix}2\\ 1\\ 1\end{bmatrix}u,\ y=\begin{bmatrix}0 & 0 & 1\end{bmatrix}\boldsymbol{x}$$

解　先判别系统是否能控：

$$\text{rank}\,\boldsymbol{Q}_c=\text{rank}\begin{bmatrix}\boldsymbol{b} & \boldsymbol{Ab} & \boldsymbol{A}^2\boldsymbol{b}\end{bmatrix}=\text{rank}\begin{bmatrix}2 & 4 & 16\\ 1 & 6 & 8\\ 1 & 2 & 12\end{bmatrix}=3$$

系统是能控的。系统的不变量为

$$a_2=0,\ a_1=-9,\ a_0=2$$

于是有

$$\bar{\boldsymbol{A}}=\begin{bmatrix}0 & 1 & 0\\ 0 & 0 & 1\\ -a_0 & -a_1 & -a_2\end{bmatrix}=\begin{bmatrix}0 & 1 & 0\\ 0 & 0 & 1\\ -2 & 9 & 0\end{bmatrix},\ \bar{\boldsymbol{b}}=\begin{bmatrix}0\\ 0\\ 1\end{bmatrix}$$

$$\begin{aligned}\bar{\boldsymbol{c}}&=\boldsymbol{c}\begin{bmatrix}\boldsymbol{A}^2\boldsymbol{b} & \boldsymbol{Ab} & \boldsymbol{b}\end{bmatrix}\begin{bmatrix}1 & 0 & 0\\ a_2 & 1 & 0\\ a_1 & a_2 & 1\end{bmatrix}\\ &=\begin{bmatrix}0 & 0 & 1\end{bmatrix}\begin{bmatrix}16 & 4 & 2\\ 8 & 6 & 1\\ 12 & 2 & 1\end{bmatrix}\begin{bmatrix}1 & 0 & 0\\ 0 & 1 & 0\\ -9 & 0 & 1\end{bmatrix}\\ &=\begin{bmatrix}3 & 2 & 1\end{bmatrix}\end{aligned}$$

系统的能控标准型为

$$\dot{\bar{\boldsymbol{x}}}=\begin{bmatrix}0 & 1 & 0\\ 0 & 0 & 1\\ -2 & 9 & 0\end{bmatrix}\bar{\boldsymbol{x}}+\begin{bmatrix}0\\ 0\\ 1\end{bmatrix}u,\ y=\begin{bmatrix}3 & 2 & 1\end{bmatrix}\bar{\boldsymbol{x}}$$

系统的能控标准型的模拟结构图如图 4-5 所示。

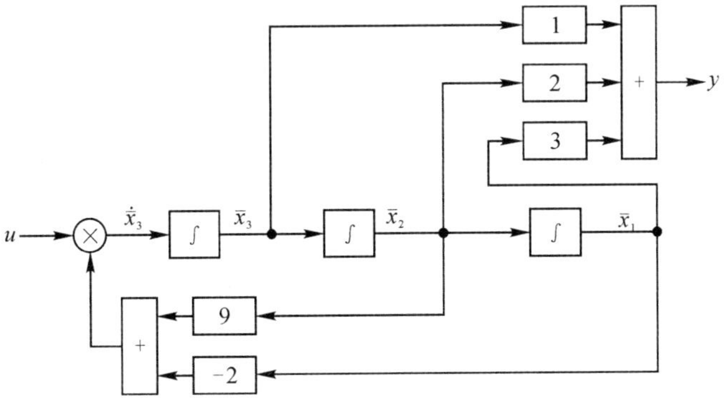

图 4-5　系统能控标准型模拟结构图

2. 能控标准型与传递函数的关系

如果已知单输入单输出系统的传递函数，则可以直接写出能控标准型。反之，如果已知系统的能控标准型，也可以直接写出系统的传递函数。

定理 4-3　设系统的传递函数为

$$G(s)=\frac{\beta_{n-1}s^{n-1}+\beta_{n-2}s^{n-2}+\cdots+\beta_1 s+\beta_0}{s^n+a_{n-1}s^{n-1}+\cdots+a_1 s+a_0}$$

则系统对应的能控标准型为式(4－3)所示形式。

定理 4－3 可用以下方式推导。

由单输入单输出系统状态空间表达式和传递函数之间的关系可得

$$G(s)=\bar{\boldsymbol{c}}\ (s\boldsymbol{I}-\bar{\boldsymbol{A}})^{-1}\bar{\boldsymbol{b}}$$

$$(s\boldsymbol{I}-\bar{\boldsymbol{A}})=\begin{bmatrix} s & -1 & 0 & \cdots & 0 & 0 \\ 0 & s & -1 & \cdots & 0 & 0 \\ 0 & 0 & s & \cdots & 0 & 0 \\ \vdots & \vdots & \vdots & & \vdots & \vdots \\ 0 & 0 & 0 & \cdots & s & -1 \\ a_0 & a_1 & a_2 & \cdots & a_{n-2} & s+a_{n-1} \end{bmatrix}$$

$$\det(s\boldsymbol{I}-\bar{\boldsymbol{A}})=s^n+a_{n-1}s^{n-1}+\cdots+a_1 s+a_0$$

$$(s\boldsymbol{I}-\bar{\boldsymbol{A}})^{-1}=\frac{\mathrm{adj}(s\boldsymbol{I}-\bar{\boldsymbol{A}})}{\det(s\boldsymbol{I}-\bar{\boldsymbol{A}})}=\frac{1}{s^n+a_{n-1}s^{n-1}+\cdots+a_1 s+a_0}\begin{bmatrix} * & \cdots & * & 1 \\ * & \cdots & * & s \\ \vdots & & \vdots & \vdots \\ * & \cdots & * & s^{n-1} \end{bmatrix}$$

其中，$*$ 表示推导过程中无需确知的元。于是可得到

$$\bar{\boldsymbol{c}}(s\boldsymbol{I}-\bar{\boldsymbol{A}})^{-1}\bar{\boldsymbol{b}}=\frac{[\beta_0\quad \beta_1\quad \cdots\quad \beta_{n-1}]}{s^n+a_{n-1}s^{n-1}+\cdots+a_1 s+a_0}\begin{bmatrix} * & \cdots & * & 1 \\ * & \cdots & * & s \\ \vdots & & \vdots & \vdots \\ * & \cdots & * & s^{n-1} \end{bmatrix}\begin{bmatrix} 0 \\ 0 \\ \vdots \\ 1 \end{bmatrix}$$

$$=\frac{\beta_{n-1}s^{n-1}+\cdots+\beta_1 s+\beta_0}{s^n+a_{n-1}s^{n-1}+\cdots+a_1 s+a_0}$$

例 4－12 求如下单输入单输出系统的传递函数：

$$\dot{\bar{\boldsymbol{x}}}=\begin{bmatrix} 0 & 1 & 0 \\ 0 & 0 & 1 \\ -2 & 9 & 0 \end{bmatrix}\bar{\boldsymbol{x}}+\begin{bmatrix} 0 \\ 0 \\ 1 \end{bmatrix}u,\ y=[3\quad 2\quad 1]\bar{\boldsymbol{x}}$$

解

$$G(s)=\frac{\beta_2 s^2+\beta_1 s+\beta_0}{s^3+a_2 s^2+a_1 s+a_0}=\frac{s^2+2s+3}{s^3-9s+2}$$

二、系统能观测标准型

1. 单输出系统的能观测标准型

定理 4－4 若单输出线性定常系统：

$$\left.\begin{aligned} \dot{\boldsymbol{x}}&=\boldsymbol{A}\boldsymbol{x}+\boldsymbol{b}u \\ y&=\boldsymbol{c}\boldsymbol{x} \end{aligned}\right\}$$

状态完全能观测，则存在线性非奇异变换：

$$\boldsymbol{x}=\boldsymbol{T}_{\mathrm{o}}\tilde{\boldsymbol{x}}$$

使其状态空间表达式化成

$$\left.\begin{aligned}\dot{\tilde{\boldsymbol{x}}}&=\tilde{\boldsymbol{A}}\tilde{\boldsymbol{x}}+\tilde{\boldsymbol{b}}u\\ y&=\tilde{\boldsymbol{c}}\tilde{\boldsymbol{x}}\end{aligned}\right\}\qquad(4-4)$$

定义 4-7　称式(4-4)为系统的能观测标准型。

其中，

$$\boldsymbol{T}_{\mathrm{o}}^{-1}=\begin{bmatrix}1 & a_{n-1} & \cdots & a_2 & a_1\\ 0 & 1 & \cdots & a_3 & a_2\\ \vdots & \vdots & & \vdots & \vdots\\ 0 & 0 & \cdots & 1 & a_{n-1}\\ 0 & 0 & \cdots & 0 & 1\end{bmatrix}\begin{bmatrix}\boldsymbol{cA}_{n-1}\\ \boldsymbol{cA}_{n-2}\\ \vdots\\ \boldsymbol{cA}\\ \boldsymbol{c}\end{bmatrix}$$

$$\tilde{\boldsymbol{A}}=\boldsymbol{T}_{\mathrm{o}}^{-1}\boldsymbol{AT}_{\mathrm{o}}=\begin{bmatrix}0 & 0 & \cdots & 0 & -a_0\\ 1 & 0 & \cdots & 0 & -a_1\\ 0 & 1 & \cdots & 0 & -a_2\\ \vdots & \vdots & & \vdots & \vdots\\ 0 & 0 & \cdots & 1 & -a_{n-1}\end{bmatrix}$$

$$\tilde{\boldsymbol{b}}=\boldsymbol{T}_{\mathrm{o}}\boldsymbol{b}=\begin{bmatrix}\beta_0\\ \beta_1\\ \vdots\\ \beta_{n-1}\end{bmatrix},\ \tilde{\boldsymbol{c}}=\boldsymbol{cT}_{\mathrm{o}}=[0\quad 0\quad \cdots\quad 1]$$

$$\left.\begin{aligned}\beta_0&=c(A^{n-1}\boldsymbol{b}+a_{n-1}\boldsymbol{A}^{n-2}\boldsymbol{b}+\cdots+a_1\boldsymbol{b})\\ &\vdots\\ \beta_{n-2}&=\boldsymbol{c}(\boldsymbol{Ab}+a_{n-1}b)\\ \beta_{n-1}&=\boldsymbol{cb}\end{aligned}\right\}$$

单输出系统的能观测标准型对应的模拟结构图如图 4-6 所示。

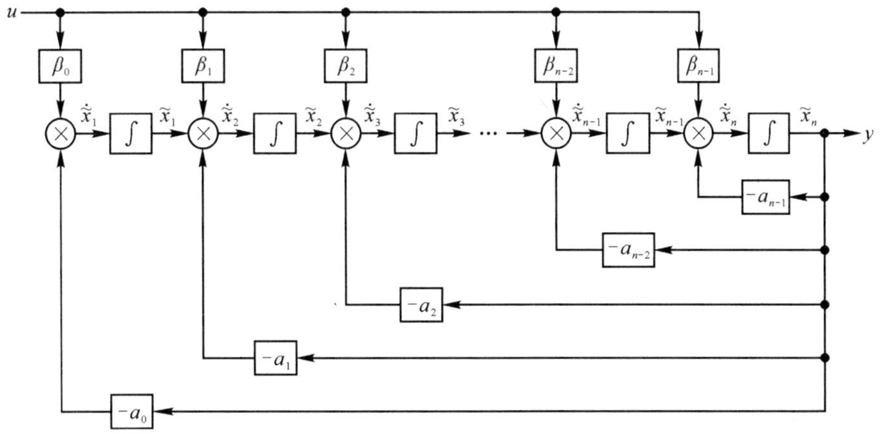

图 4-6　单输出能观测标准型的模拟结构图

例 4-13　将下列状态空间表达式变成能观测标准型。

$$\dot{\boldsymbol{x}}=\begin{bmatrix}1 & 2 & 0\\3 & -1 & 1\\0 & 2 & 0\end{bmatrix}\boldsymbol{x}+\begin{bmatrix}2\\1\\1\end{bmatrix}u,\ y=[0\quad 0\quad 1]\boldsymbol{x}$$

解 先判别系统是否能观测。

$$\text{rank}\ \boldsymbol{Q}_\text{o}=\text{rank}[\boldsymbol{c}\quad \boldsymbol{cA}\quad \boldsymbol{cA}^2]=\text{rank}\begin{bmatrix}0 & 0 & 1\\0 & 2 & 0\\6 & -2 & 2\end{bmatrix}=3$$

系统是能观测的，系统的不变量为

$$a_2=0,\ a_1=-9,\ a_0=2$$

于是有

$$\widetilde{\boldsymbol{A}}=\begin{bmatrix}0 & 0 & -a_0\\1 & 0 & -a_1\\0 & 1 & -a_2\end{bmatrix}=\begin{bmatrix}0 & 0 & -2\\1 & 0 & 9\\0 & 1 & 0\end{bmatrix},\ \widetilde{\boldsymbol{c}}=[0\quad 0\quad 1]$$

$$\widetilde{\boldsymbol{b}}=\boldsymbol{T}_\text{o}^{-1}\boldsymbol{b}=\begin{bmatrix}1 & a_2 & a_1\\0 & 1 & a_2\\0 & 0 & 1\end{bmatrix}\begin{bmatrix}\boldsymbol{cA}^2\\\boldsymbol{cA}\\\boldsymbol{c}\end{bmatrix}\boldsymbol{b}=\begin{bmatrix}1 & 0 & -9\\0 & 1 & 0\\0 & 0 & 1\end{bmatrix}\begin{bmatrix}6 & -2 & 2\\0 & 2 & 0\\0 & 0 & 1\end{bmatrix}\begin{bmatrix}2\\1\\1\end{bmatrix}=\begin{bmatrix}3\\2\\1\end{bmatrix}$$

系统的能观测标准型为

$$\dot{\widetilde{\boldsymbol{x}}}=\begin{bmatrix}0 & 0 & -2\\1 & 0 & 9\\0 & 1 & 0\end{bmatrix}\widetilde{\boldsymbol{x}}+\begin{bmatrix}3\\2\\1\end{bmatrix}u,\ y=[0\quad 0\quad 1]\widetilde{\boldsymbol{x}}$$

系统的能观测标准型模拟结构图如图 4-7 所示。

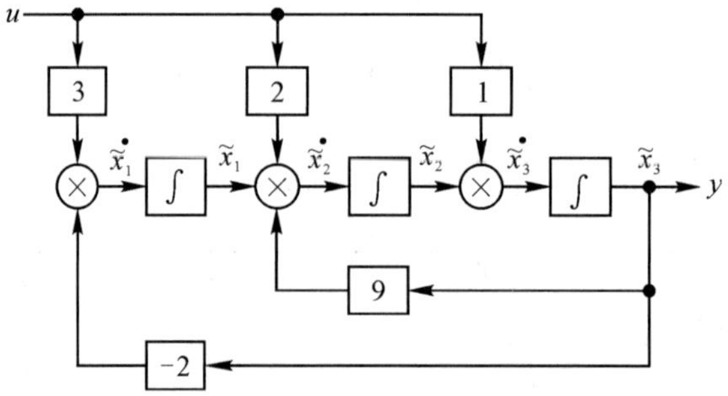

图 4-7 系统能观测标准型模拟结构图

利用系统对偶原理，得到对偶系统：

$$\boldsymbol{A}^*=\widetilde{\boldsymbol{A}}^\text{T}=\begin{bmatrix}0 & 1 & 0\\0 & 0 & 1\\-2 & 9 & 0\end{bmatrix},\ \boldsymbol{b}^*=\widetilde{\boldsymbol{c}}^\text{T}=\begin{bmatrix}0\\0\\1\end{bmatrix},\ \boldsymbol{c}^*=\widetilde{\boldsymbol{b}}^\text{T}=[3\quad 2\quad 1]$$

显然，对偶系统为能控标准型。

2. 能观测标准型与传递函数的关系

如果已知单输入单输出系统的传递函数，则可以直接写出能观测标准型。反之，如果已知系统的能观测标准型，也可以直接写出系统的传递函数。

定理 4-5　设系统的传递函数为

$$G(s)=\frac{\beta_{n-1}s^{n-1}+\beta_{n-2}s^{n-2}+\cdots+\beta_1 s+\beta_0}{s^n+a_{n-1}s^{n-1}+\cdots+a_1 s+a_0}$$

则系统对应的能观测标准型为式(4-4)所示的形式。

例 4-14　求如下单输入单输出系统的传递函数

$$\dot{\tilde{\boldsymbol{x}}}=\begin{bmatrix}0 & 0 & -2\\ 1 & 0 & 9\\ 0 & 1 & 0\end{bmatrix}\tilde{\boldsymbol{x}}+\begin{bmatrix}3\\ 2\\ 1\end{bmatrix}u,\ y=\begin{bmatrix}0 & 0 & 1\end{bmatrix}\tilde{\boldsymbol{x}}$$

解　由已知条件可知系统的状态空间表达式为能观测标准型，并可得

$$a_2=0,\ a_1=-9,\ a_0=2,\ \beta_2=1,\ \beta_1=2,\ \beta_0=3$$

于是系统的传递函数为

$$G(s)=\frac{\beta_2 s^2+\beta_1 s+\beta_0}{s^3+a_2 s^2+a_1 s+a_0}=\frac{s^2+2s+3}{s^3-9s+2}$$

第五节　线性系统的结构分解

当系统为不完全能控时，系统中会包含能控和不能控两种状态变量；同理，当系统为不完全能观测时，系统中会包含能观测和不能观测两种状态变量。理论上可以将系统的状态分解成能控又能观测、能控不能观测、不能控能观测、不能控不能观测四种类型。系统结构分解是系统分析和设计的基础。

一、按能控和能观测性分解

1. 按能控性分解

定理 4-6　设 n 维连续线性定常系统：

$$\left.\begin{aligned}\dot{\boldsymbol{x}}&=\boldsymbol{Ax}+\boldsymbol{Bu}\\ y&=\boldsymbol{Cx}\end{aligned}\right\}$$

是状态不完全能控的，其能控判别矩阵：

$$\boldsymbol{Q}_c=\begin{bmatrix}\boldsymbol{B} & \boldsymbol{A} & \boldsymbol{B} & \cdots & \boldsymbol{A}^{n-1}\boldsymbol{B}\end{bmatrix}$$

的秩为

$$\operatorname{rank}\boldsymbol{Q}_c=n_1<n$$

存在非奇异变换：

$$\boldsymbol{x}=\boldsymbol{R}_c\hat{\boldsymbol{x}}$$

将上述状态空间表达式变换为

$$\dot{\hat{\boldsymbol{x}}}=\hat{\boldsymbol{A}}\hat{\boldsymbol{x}}+\hat{\boldsymbol{B}}\boldsymbol{u},\ \boldsymbol{y}=\hat{\boldsymbol{C}}\hat{\boldsymbol{x}}$$

其中，

$$\hat{\boldsymbol{x}}=\begin{bmatrix}\hat{\boldsymbol{x}}_1\\ \hat{\boldsymbol{x}}_2\end{bmatrix}\begin{matrix}\}n_1\\ \}(n-n_1)\end{matrix}$$

$$\hat{\boldsymbol{A}}=\boldsymbol{R}_c^{-1}\boldsymbol{A}\boldsymbol{R}_c=\begin{bmatrix}\hat{\boldsymbol{A}}_{11} & \hat{\boldsymbol{A}}_{12}\\ \boldsymbol{0} & \hat{\boldsymbol{A}}_{22}\end{bmatrix}\begin{matrix}\}n_1\\ \}(n-n_1)\end{matrix}$$

$$\hat{\boldsymbol{B}}=\boldsymbol{R}_c^{-1}\boldsymbol{B}=\begin{bmatrix}\hat{\boldsymbol{B}}_1\\ \boldsymbol{0}\end{bmatrix}\begin{matrix}\}n_1\\ \}(n-n_1)\end{matrix},\quad \hat{\boldsymbol{C}}=\boldsymbol{C}\boldsymbol{R}_c=\begin{bmatrix}\hat{\boldsymbol{C}}_1 & \hat{\boldsymbol{C}}_2\end{bmatrix}$$

分解后的子空间中，n_1 维子空间是能控的，其状态方程为

$$\dot{\hat{\boldsymbol{x}}}_1=\hat{\boldsymbol{A}}_{11}\hat{\boldsymbol{x}}_1+\hat{\boldsymbol{B}}_1\boldsymbol{u}+\hat{\boldsymbol{A}}_{12}\hat{\boldsymbol{x}}_2$$

$n-n_1$ 维子空间是不能控的，其状态方程为

$$\dot{\hat{\boldsymbol{x}}}_2=\hat{\boldsymbol{A}}_{22}\hat{\boldsymbol{x}}_2$$

变换阵为

$$\boldsymbol{R}_c=\begin{bmatrix}\boldsymbol{R}_1 & \boldsymbol{R}_2 & \cdots & \boldsymbol{R}_{n_1} & \cdots & \boldsymbol{R}_n\end{bmatrix}$$

其中，前 n_1 个列向量是能控判别阵 $\boldsymbol{Q}_c$ 中的 n_1 个线性无关列，其余列在确保变换阵 $\boldsymbol{R}_c$ 为非奇异条件下是任意选择的。

例 4－15 设线性定常系统：

$$\dot{\boldsymbol{x}}=\begin{bmatrix}0 & 0 & -1\\ 1 & 0 & -3\\ 0 & 1 & -3\end{bmatrix}\boldsymbol{x}+\begin{bmatrix}1\\ 1\\ 0\end{bmatrix}u,\quad y=\begin{bmatrix}0 & 1 & -2\end{bmatrix}\boldsymbol{x}$$

判别其能控性，若不是完全能控的，试将该系统按能控性分解。

解 判别系统能控性：

$$\boldsymbol{Q}_c=\begin{bmatrix}\boldsymbol{b} & \boldsymbol{A}\boldsymbol{b} & \boldsymbol{A}^2\boldsymbol{b}\end{bmatrix}=\begin{bmatrix}1 & 0 & -1\\ 1 & 1 & -3\\ 0 & 1 & -2\end{bmatrix}$$

$$\operatorname{rank}\boldsymbol{Q}_c=2<n$$

系统是不完全能控的。取 $\boldsymbol{Q}_c$ 前两列构成 $\boldsymbol{R}_1$，$\boldsymbol{R}_2$，在保证变换阵 $\boldsymbol{R}_c$ 为非奇异前提下尽量选取简单的 $\boldsymbol{R}_3$。

$$\boldsymbol{R}_1=\boldsymbol{b}=\begin{bmatrix}1\\ 1\\ 0\end{bmatrix},\quad \boldsymbol{R}_2=\boldsymbol{A}\boldsymbol{b}=\begin{bmatrix}0\\ 1\\ 1\end{bmatrix},\quad \boldsymbol{R}_3=\begin{bmatrix}0\\ 0\\ 1\end{bmatrix}$$

构造变换阵：

$$\boldsymbol{R}_c=\begin{bmatrix}1 & 0 & 0\\ 1 & 1 & 0\\ 0 & 1 & 1\end{bmatrix}$$

于是有

$$\hat{\boldsymbol{A}}=\boldsymbol{R}_c^{-1}\boldsymbol{A}\boldsymbol{R}_c=\begin{bmatrix}1 & 0 & 0\\ 1 & 1 & 0\\ 0 & 1 & 1\end{bmatrix}^{-1}\begin{bmatrix}0 & 0 & -1\\ 1 & 0 & -3\\ 0 & -1 & -3\end{bmatrix}\begin{bmatrix}1 & 0 & 0\\ 1 & 1 & 0\\ 0 & 1 & 1\end{bmatrix}=\begin{bmatrix}0 & -1 & -1\\ 1 & -2 & -2\\ 0 & 0 & -1\end{bmatrix}$$

$$\hat{\boldsymbol{b}}=\boldsymbol{R}_c^{-1}\boldsymbol{b}=\begin{bmatrix}1 & 0 & 0\\ 1 & 1 & 0\\ 0 & 1 & 1\end{bmatrix}^{-1}\begin{bmatrix}1\\ 1\\ 0\end{bmatrix}=\begin{bmatrix}1 & 0 & 0\\ -1 & 1 & 0\\ 1 & -1 & 1\end{bmatrix}\begin{bmatrix}1\\ 1\\ 0\end{bmatrix}=\begin{bmatrix}1\\ 0\\ 0\end{bmatrix}$$

$$\hat{\boldsymbol{C}}=\boldsymbol{C}\boldsymbol{R}_c=\begin{bmatrix}0 & 1 & -2\end{bmatrix}\begin{bmatrix}1 & 0 & 0\\1 & 1 & 0\\0 & 1 & 1\end{bmatrix}=\begin{bmatrix}1 & -1 & -2\end{bmatrix}$$

系统按能控性分解后得

$$\begin{bmatrix}\dot{\hat{x}}_1\\\dot{\hat{x}}_2\\\dot{\hat{x}}_3\end{bmatrix}=\begin{bmatrix}0 & -1 & -1\\1 & -2 & -2\\0 & 0 & -1\end{bmatrix}\begin{bmatrix}\hat{x}_1\\\hat{x}_2\\\hat{x}_3\end{bmatrix}+\begin{bmatrix}1\\0\\0\end{bmatrix}u,\ y=\begin{bmatrix}1 & -1 & -2\end{bmatrix}\begin{bmatrix}\hat{x}_1\\\hat{x}_2\\\hat{x}_3\end{bmatrix}$$

其中，$\hat{x}_1$、$\hat{x}_2$为系统的能控状态，能控子空间为

$$\begin{bmatrix}\dot{\hat{x}}_1\\\dot{\hat{x}}_2\end{bmatrix}=\begin{bmatrix}0 & -1\\1 & -2\end{bmatrix}\begin{bmatrix}\hat{x}_1\\\hat{x}_2\end{bmatrix}+\begin{bmatrix}-1\\-2\end{bmatrix}\hat{x}_3+\begin{bmatrix}1\\0\end{bmatrix}u,\ y=\begin{bmatrix}1 & -1\end{bmatrix}\begin{bmatrix}\hat{x}_1\\\hat{x}_2\end{bmatrix}$$

$\hat{x}_3$为系统的不能控状态，不能控子空间为

$$\dot{\hat{x}}_3=-\hat{x}_3,\ y=-2\hat{x}_3$$

2. 按能观测性分解

定理 4-7 设 n 维连续线性定常系统：

$$\left.\begin{aligned}\dot{\boldsymbol{x}}&=\boldsymbol{A}\boldsymbol{x}+\boldsymbol{B}\boldsymbol{u}\\\boldsymbol{y}&=\boldsymbol{C}\boldsymbol{x}\end{aligned}\right\}$$

是状态不完全能观测的，其能观测判别矩阵为

$$\boldsymbol{Q}_o=\begin{bmatrix}\boldsymbol{C}\\\boldsymbol{C}\boldsymbol{A}\\\vdots\\\boldsymbol{C}\boldsymbol{A}^{n-1}\end{bmatrix}$$

秩为

$$\operatorname{rank}\boldsymbol{Q}_o=n_1<n$$

存在非奇异变换：

$$\boldsymbol{x}=\boldsymbol{R}_o\tilde{\boldsymbol{x}}$$

将上述状态空间表达式变换为

$$\dot{\tilde{\boldsymbol{x}}}=\tilde{\boldsymbol{A}}\tilde{\boldsymbol{x}}+\tilde{\boldsymbol{B}}\boldsymbol{u},\ \boldsymbol{y}=\tilde{\boldsymbol{C}}\tilde{\boldsymbol{x}}$$

其中，

$$\tilde{\boldsymbol{x}}=\begin{bmatrix}\tilde{\boldsymbol{x}}_1\\\tilde{\boldsymbol{x}}_2\end{bmatrix}\begin{matrix}\}n_1\\\}(n-n_1)\end{matrix}$$

$$\tilde{\boldsymbol{A}}=\boldsymbol{R}_o^{-1}\boldsymbol{A}\boldsymbol{R}_o=\begin{bmatrix}\tilde{\boldsymbol{A}}_{11} & 0\\\tilde{\boldsymbol{A}}_{21} & \tilde{\boldsymbol{A}}_{22}\end{bmatrix}\begin{matrix}\}n_1\\\}(n-n_1)\end{matrix}$$

$$\tilde{\boldsymbol{B}}=\boldsymbol{R}_o^{-1}\boldsymbol{B}=\begin{bmatrix}\tilde{\boldsymbol{B}}_1\\\tilde{\boldsymbol{B}}_2\end{bmatrix}\begin{matrix}\}n_1\\\}(n-n_1)\end{matrix},\ \tilde{\boldsymbol{C}}=\boldsymbol{C}\boldsymbol{R}_o=\begin{bmatrix}\tilde{\boldsymbol{C}}_1 & 0\end{bmatrix}$$

分解后的子空间中，n_1 维子空间是能观测的，其状态方程为

$$\dot{\tilde{x}}_1=\tilde{A}_{11}\tilde{x}_1+\tilde{B}_1u,\ y=\tilde{C}_1\tilde{x}_1$$

$n-n_1$ 维子空间是不能观测的，其状态方程为

$$\tilde{x}_2=\tilde{A}_{21}\tilde{x}_1+\tilde{A}_{22}\tilde{x}_2+\tilde{B}_2u$$

变换阵为

$$R_o^{-1}=\begin{bmatrix} R_1' \\ R_2' \\ \vdots \\ R_{n_1}' \\ \vdots \\ R_n' \end{bmatrix}$$

其中，前 n_1 个列向量是能观测判别阵 Q_o 中 n_1 个线性无关的行，其余行在确保变换阵 R_o^{-1} 为非奇异的条件下是任意选择的。

例 4-16 设线性定常系统：

$$\dot{x}=\begin{bmatrix} 0 & 0 & -1 \\ 1 & 0 & -3 \\ 0 & 1 & -3 \end{bmatrix}x+\begin{bmatrix} 1 \\ 1 \\ 0 \end{bmatrix}u,\ y=[0\quad 1\quad -2]x$$

判别其能观测性，若不是完全能观测的，试将该系统按能观测性分解。

解 判别系统能观测性：

$$Q_o=\begin{bmatrix} c \\ cA \\ cA^2 \end{bmatrix}=\begin{bmatrix} 0 & 1 & -2 \\ 1 & -2 & 3 \\ -2 & 3 & -4 \end{bmatrix}$$

$$\text{rank}\ Q_o=2<n$$

系统是不完全能观测的，取

$$R_1=c=[0\quad 1\quad -2],\ R_2=cA=[1\quad -2\quad 3],\ R_3=[0\quad 0\quad 1]$$

于是有

$$R_o^{-1}=\begin{bmatrix} 0 & 1 & -2 \\ 1 & -2 & 3 \\ 0 & 0 & 1 \end{bmatrix},\ R_o=\begin{bmatrix} 2 & 1 & 1 \\ 1 & 0 & 2 \\ 0 & 0 & 1 \end{bmatrix}$$

于是有

$$\tilde{A}=R_o^{-1}AR_o=\begin{bmatrix} 0 & 1 & -2 \\ 1 & -2 & 3 \\ 0 & 0 & 1 \end{bmatrix}\begin{bmatrix} 0 & 0 & -1 \\ 1 & 0 & -3 \\ 0 & -1 & -3 \end{bmatrix}\begin{bmatrix} 2 & 1 & 1 \\ 1 & 0 & 2 \\ 0 & 0 & 1 \end{bmatrix}=\begin{bmatrix} 0 & 1 & 0 \\ -1 & -2 & 0 \\ 1 & 0 & -1 \end{bmatrix}$$

$$\tilde{b}=R_o^{-1}b=\begin{bmatrix} 0 & 1 & -2 \\ 1 & -2 & 3 \\ 0 & 0 & 1 \end{bmatrix}\begin{bmatrix} 1 \\ 1 \\ 0 \end{bmatrix}=\begin{bmatrix} 1 \\ -1 \\ 0 \end{bmatrix}$$

$$\tilde{c}=cR_o=[0\quad 1\quad -2]\begin{bmatrix} 2 & 1 & 1 \\ 1 & 0 & 2 \\ 0 & 0 & 1 \end{bmatrix}=[1\quad 0\quad 0]$$

系统按能观测性分解后得

$$\begin{bmatrix}\dot{\tilde{x}}_1\\ \dot{\tilde{x}}_2\\ \dot{\tilde{x}}_3\end{bmatrix}=\begin{bmatrix}0 & 1 & 0\\ -1 & -2 & 0\\ 1 & 0 & -1\end{bmatrix}\begin{bmatrix}\tilde{x}_1\\ \tilde{x}_2\\ \tilde{x}_3\end{bmatrix}+\begin{bmatrix}1\\ -1\\ 0\end{bmatrix}\boldsymbol{u},\ \boldsymbol{y}=[1\quad 0\quad 0]\begin{bmatrix}\tilde{x}_1\\ \tilde{x}_2\\ \tilde{x}_3\end{bmatrix}$$

其中，$\tilde{x}_1$、$\tilde{x}_2$ 为系统的能观测状态，能观测子空间为

$$\begin{bmatrix}\dot{\tilde{x}}_1\\ \dot{\tilde{x}}_2\end{bmatrix}=\begin{bmatrix}0 & 1\\ -1 & -2\end{bmatrix}\begin{bmatrix}\tilde{x}_1\\ \tilde{x}_2\end{bmatrix}+\begin{bmatrix}1\\ -1\end{bmatrix}u,\ y=[1\quad 0]\begin{bmatrix}\tilde{x}_1\\ \tilde{x}_2\end{bmatrix}$$

$\tilde{x}_3$ 为系统的不能观测状态，能观测子空间为

$$\dot{\tilde{x}}_3=[1\quad 0]\begin{bmatrix}\tilde{x}_1\\ \tilde{x}_2\end{bmatrix}-\tilde{x}_3$$

3. 按能控性和能观测性分解

如果线性系统是不完全能控和不完全能观的，则可把系统分解成能控能观、能控不能观、不能控能观和不能控不能观四个部分，但并非所有系统都能分解为这四部分。

反映系统输入输出特性的传递函数阵只能反映系统中能控且能观测子系统的动力学行为。从而说明，传递函数阵只是对系统的一种不完全描述。如果根据给定传递函数阵求对应的状态空间表达式，其解将有无限多个。其中维数最小的状态空间表达式是最好的，也就是最小实现。值得注意的是最小实现并不是唯一的。

对系统按能控性和能观测性分解，可以找到一个非奇异变换一次完成。但这种非奇异变换构造起来相当烦琐，可按如下步骤对系统进行分解：

(1) 将系统按能控性分解；

(2) 将能控子空间按能观测性分解；

(3) 将不能控子空间按能观测性分解。

例 4-17　设线性定常系统为

$$\dot{\boldsymbol{x}}=\begin{bmatrix}0 & 0 & -1\\ 1 & 0 & -3\\ 0 & 1 & -3\end{bmatrix}\boldsymbol{x}+\begin{bmatrix}1\\ 1\\ 0\end{bmatrix}u,\ y=[0\quad 1\quad -2]\boldsymbol{x}$$

试将该系统按能控性和能观测性分解。

解　先进行能控性分解，用下标表示能控和不能控，由例 4-14 的结论，有

$$\begin{bmatrix}\dot{\hat{x}}_{1c}\\ \dot{\hat{x}}_{2c}\\ \dot{\hat{x}}_{3\bar{c}}\end{bmatrix}=\begin{bmatrix}0 & -1 & -1\\ 1 & -2 & -2\\ 0 & 0 & -1\end{bmatrix}\begin{bmatrix}\hat{x}_{1c}\\ \hat{x}_{2c}\\ \hat{x}_{3\bar{c}}\end{bmatrix}+\begin{bmatrix}1\\ 0\\ 0\end{bmatrix}u,\ y=[1\quad -1\quad -2]\begin{bmatrix}\hat{x}_{1c}\\ \hat{x}_{2c}\\ \hat{x}_{3\bar{c}}\end{bmatrix}$$

再对能控子空间进行能观测性分解，记为

$$\begin{bmatrix}\dot{x}_{1c}\\ \dot{x}_{2c}\end{bmatrix}=\begin{bmatrix}0 & -1\\ 1 & -2\end{bmatrix}\begin{bmatrix}x_{1c}\\ x_{2c}\end{bmatrix}+\begin{bmatrix}-1\\ -2\end{bmatrix}x_{3\bar{c}}+\begin{bmatrix}1\\ 0\end{bmatrix}u,\ y=[1\quad -1]\begin{bmatrix}x_{1c}\\ x_{2c}\end{bmatrix}$$

取

$$\boldsymbol{R}_o^{-1}=\begin{bmatrix}1 & -1\\ 0 & 1\end{bmatrix},\ \boldsymbol{R}_o=\begin{bmatrix}1 & 1\\ 0 & 1\end{bmatrix}$$

得

$$A_o=R_o^{-1}A_cR_o=\begin{bmatrix}1 & -1\\0 & 1\end{bmatrix}\begin{bmatrix}0 & -1\\1 & -2\end{bmatrix}\begin{bmatrix}1 & 1\\0 & 1\end{bmatrix}=\begin{bmatrix}-1 & 0\\1 & -1\end{bmatrix}$$

$$b_o=R_o^{-1}b_c=\begin{bmatrix}1 & -1\\0 & 1\end{bmatrix}\begin{bmatrix}1\\0\end{bmatrix}=\begin{bmatrix}1\\0\end{bmatrix}$$

$$c_o=c_cR_o=[1\quad 0]$$

分解成

$$\begin{bmatrix}\dot{x}_{1co}\\ \dot{x}_{2c\bar{o}}\end{bmatrix}=\begin{bmatrix}0 & -1\\1 & -2\end{bmatrix}\begin{bmatrix}x_{1co}\\x_{2c\bar{o}}\end{bmatrix}+\begin{bmatrix}1\\-2\end{bmatrix}x_{3\bar{c}}+\begin{bmatrix}1\\0\end{bmatrix}u,\ y=[1\quad -1]\begin{bmatrix}x_{1co}\\x_{2c\bar{o}}\end{bmatrix}$$

由例 4-14 的结论可得，不能控子空间为

$$\dot{\hat{x}}_{3\bar{c}}=-\hat{x}_{3\bar{c}},\ y=-2\hat{x}_{3\bar{c}}$$

不能控子空间显然是能观测的，因此为不能控能观测部分，记为

$$\dot{\boldsymbol{x}}_{3\bar{c}o}=-\boldsymbol{x}_{3\bar{c}o},\ y=-2\boldsymbol{x}_{3\bar{c}o}$$

综合以上变换，系统按能控能观测性分解的结果是

$$\begin{bmatrix}\dot{x}_{1co}\\ \dot{x}_{2c\bar{o}}\\ \dot{x}_{3\bar{c}o}\end{bmatrix}=\begin{bmatrix}-1 & 0 & -1\\1 & -1 & -2\\0 & 0 & -1\end{bmatrix}\begin{bmatrix}x_{1co}\\x_{2c\bar{o}}\\x_{3\bar{c}o}\end{bmatrix}+\begin{bmatrix}1\\0\\0\end{bmatrix}u,\ y=[1\quad 0\quad -2]\begin{bmatrix}x_{1co}\\x_{2c\bar{o}}\\x_{3\bar{c}o}\end{bmatrix}$$

以上分解结果说明，该系统只能分解成能控能观测、能控不能观测和不能控能观测三部分，不存在不能控不能观部分。

二、化为约当标准型的分解

当系统具有对角线或约当标准型时，系统的能控和能观测性判别将变得简单。特别是系统为对角线标准型时，系统各个状态之间是解耦的，根据系统的输入和输出矩阵就可以判断对应状态的能控和能观测性。

例 4-18 设线性定常系统为

$$\dot{\boldsymbol{x}}=\begin{bmatrix}0 & 1 & 0\\0 & 0 & 1\\-6 & -11 & -6\end{bmatrix}\boldsymbol{x}+\begin{bmatrix}0\\0\\6\end{bmatrix}u,\ y=[1\quad 0\quad 0]\boldsymbol{x}$$

试将该系统按能控性和能观测性分解。

解 将系统化成对角线标准型，计算系统的特征值

$$|\lambda\boldsymbol{I}-\boldsymbol{A}|=\begin{vmatrix}\lambda & -1 & 0\\0 & \lambda & -1\\6 & 11 & \lambda+6\end{vmatrix}=\lambda^3+6\lambda^2+11\lambda+6=(\lambda+1)(\lambda+2)(\lambda+3)=0$$

解特征方程可得 $\lambda_1=-1$，$\lambda_2=-2$，$\lambda_3=-3$，为系统的三个互异的特征值。

由于系统矩阵是友矩阵，因此直接根据范德蒙得矩阵选取变换矩阵 $\boldsymbol{P}$，即

$$\boldsymbol{P}=\begin{bmatrix}1 & 1 & 1\\-1 & -2 & -3\\1 & 4 & 9\end{bmatrix}$$

变换矩阵的逆矩阵(可用 MATLAB 编程求逆矩阵)为

$$P^{-1}=\frac{1}{2}\begin{bmatrix}6 & 5 & 1\\ -6 & -8 & -2\\ 2 & 3 & 1\end{bmatrix}$$

系统的对角线标准型各矩阵为

$$\hat{A}=\begin{bmatrix}-1 & 0 & 0\\ 0 & -2 & 0\\ 0 & 0 & -3\end{bmatrix}$$

$$\hat{B}=P^{-1}B=\frac{1}{2}\begin{bmatrix}6 & 5 & 1\\ -6 & -8 & -2\\ 2 & 3 & 1\end{bmatrix}\begin{bmatrix}0\\ 0\\ 6\end{bmatrix}=\begin{bmatrix}3\\ -6\\ 3\end{bmatrix}$$

$$\hat{C}=CP=[1\quad 0\quad 0]\begin{bmatrix}1 & 1 & 1\\ -1 & -2 & -3\\ 1 & 4 & 9\end{bmatrix}=[1\quad 1\quad 1]$$

列写出对角线标准型如下：

$$\begin{bmatrix}\dot{\hat{x}}_1\\ \dot{\hat{x}}_2\\ \dot{\hat{x}}_3\end{bmatrix}=\begin{bmatrix}-1 & 0 & 0\\ 0 & -2 & 0\\ 0 & 0 & -3\end{bmatrix}\begin{bmatrix}\hat{x}_1\\ \hat{x}_2\\ \hat{x}_3\end{bmatrix}+\begin{bmatrix}3\\ -6\\ 3\end{bmatrix}u,\ y=[1\quad 1\quad 1]\begin{bmatrix}\hat{x}_1\\ \hat{x}_2\\ \hat{x}_3\end{bmatrix}$$

由对角线标准型可以看出，系统的三个状态 x_1、x_2 和 x_3 均是能控能观测的，不存在其他三种状态。

例 4-19　设线性定常系统为

$$\dot{x}=\begin{bmatrix}0 & 0 & -1\\ 1 & 0 & -3\\ 0 & 1 & -3\end{bmatrix}x+\begin{bmatrix}1\\ 1\\ 0\end{bmatrix}u,\ y=[0\quad 1\quad -2]x$$

试将该系统按能控性和能观测性分解。

解　将系统化成约当标准型，计算系统的特征值

$$|\lambda I-A|=\begin{vmatrix}\lambda & 0 & 1\\ -1 & \lambda & 3\\ 0 & -1 & \lambda+3\end{vmatrix}=\lambda^3+3\lambda^2+3\lambda+1=(\lambda+1)^3=0$$

解特征方程可得 $\lambda=-1$，为系统的三重特征值。

将 $\lambda=-1$ 代入 $Av_1=\lambda v_1$，解得其对应的特征向量为

$$v_1=\begin{bmatrix}1\\ 2\\ 1\end{bmatrix}$$

将$\lambda=-1$ 代入 $Av_2=\lambda v_2+v_1$，解得广义特征向量为

$$v_2=\begin{bmatrix}1\\ 1\\ 0\end{bmatrix}$$

将 $\lambda=-1$ 代入 $\boldsymbol{A}\boldsymbol{v}_3=\lambda\boldsymbol{v}_3+\boldsymbol{v}_2$，解得广义特征向量为

$$\boldsymbol{v}_3=\begin{bmatrix}1\\0\\0\end{bmatrix}$$

于是有约当变换矩阵：

$$\boldsymbol{Q}=\begin{bmatrix}1&1&1\\2&1&0\\1&0&0\end{bmatrix}$$

约当变换矩阵的逆矩阵为

$$\boldsymbol{Q}^{-1}=\begin{bmatrix}0&0&1\\0&1&-2\\1&-1&1\end{bmatrix}$$

计算系统的约当标准型各矩阵：

$$\widetilde{\boldsymbol{A}}=\begin{bmatrix}-1&1&0\\0&-1&1\\0&0&-1\end{bmatrix}$$

$$\widetilde{\boldsymbol{B}}=\boldsymbol{Q}^{-1}\boldsymbol{B}=\begin{bmatrix}0&0&1\\0&1&-2\\1&-1&1\end{bmatrix}\begin{bmatrix}1\\1\\0\end{bmatrix}=\begin{bmatrix}0\\1\\0\end{bmatrix}$$

$$\widetilde{\boldsymbol{C}}=\boldsymbol{C}\boldsymbol{Q}=\begin{bmatrix}0&1&-2\end{bmatrix}\begin{bmatrix}1&1&1\\2&1&0\\1&0&0\end{bmatrix}=\begin{bmatrix}0&1&0\end{bmatrix}$$

列写出约当标准型：

$$\begin{bmatrix}\dot{\tilde{x}}_1\\\dot{\tilde{x}}_2\\\dot{\tilde{x}}_3\end{bmatrix}=\begin{bmatrix}-1&1&0\\0&-1&1\\0&0&-1\end{bmatrix}\begin{bmatrix}\tilde{x}_1\\\tilde{x}_2\\\tilde{x}_3\end{bmatrix}+\begin{bmatrix}0\\1\\0\end{bmatrix}u,\ y=\begin{bmatrix}0&1&0\end{bmatrix}\begin{bmatrix}\tilde{x}_1\\\tilde{x}_2\\\tilde{x}_3\end{bmatrix}$$

由约当标准型可以看出，$\widetilde{\boldsymbol{A}}$ 是约当块，也是约当矩阵。由准则 4-3 可知约当块最后一行对应的 $\widetilde{\boldsymbol{B}}$ 阵中元素为 0，因此系统为不可控的，由于 $\widetilde{\boldsymbol{B}}$ 阵中第 2 个元素不为 0，因此 x_2 是能控的，由约当块的耦合特性知 x_1 是能控的，因此可推出 x_3 是不能控的。由准则 4-6 可知约当块对应的 $\widetilde{\boldsymbol{C}}$ 阵中首列元素为 0，因此系统为不能观测的，由于 $\widetilde{\boldsymbol{C}}$ 阵中第 2 个元素不为零，因此 x_2 是能观测的，由约当块的耦合特性可知 x_3 是能观测的，因此可推出 x_1 是不能观测的。

综上所述，状态 x_1 是能控不能观测的，状态 x_2 是能控能观测的，状态 x_3 是不能控能观测的。

第六节　系统的状态空间实现

系统的状态空间实现是指根据系统的传递函数确定系统的状态空间表达式。对于多输

入多输出系统，其状态空间实现不是唯一的，传递函数矩阵会有多个状态空间表达式与之对应。对实现问题的研究可以为人们应用计算机模拟系统时提供帮助。

一、最小实现

理论上说，给定传递函数矩阵 $\boldsymbol{G}(s)$ 的实现不是唯一的，且实现的维数也不相同，最小实现是指维数最低的实现。

定理 4-7　对于严格有理真分式的传递函数矩阵 $\boldsymbol{G}(s)$ 的一个实现：

$$\left.\begin{aligned}\dot{\boldsymbol{x}}&=\boldsymbol{A}\boldsymbol{x}+\boldsymbol{B}\boldsymbol{u}\\ \boldsymbol{y}&=\boldsymbol{C}\boldsymbol{x}\end{aligned}\right\}$$

为最小实现的充分必要条件是系统的状态为完全能控且完全能观测。

例 4-20　试求传递函数：

$$G(s)=\frac{s^2+2s+3}{s^3-9s+2}$$

的最小实现。

解　由已知条件可知系统的参数为

$$a_2=0,\ a_1=-9,\ a_0=2,\ \beta_2=1,\ \beta_1=2,\ \beta_0=3$$

于是系统的状态空间表达式能控和能观测标准型分别为

$$\dot{\bar{\boldsymbol{x}}}=\begin{bmatrix}0&1&0\\0&0&1\\-2&9&0\end{bmatrix}\bar{\boldsymbol{x}}+\begin{bmatrix}0\\0\\1\end{bmatrix}u,\ y=\begin{bmatrix}3&2&1\end{bmatrix}\bar{\boldsymbol{x}}$$

和

$$\dot{\tilde{\boldsymbol{x}}}=\begin{bmatrix}0&0&-2\\1&0&9\\0&1&0\end{bmatrix}\tilde{\boldsymbol{x}}+\begin{bmatrix}3\\2\\1\end{bmatrix}u,\ y=\begin{bmatrix}0&0&1\end{bmatrix}\tilde{\boldsymbol{x}}$$

该系统的能控和能观测标准型均是系统的最小实现。由此可见，最小实现不是唯一的，系统的最小实现指的是维数最小的实现。

例 4-21　试求传递函数矩阵：

$$\boldsymbol{G}(s)=\begin{bmatrix}\dfrac{1}{(s+1)(s+2)} & \dfrac{1}{(s+2)(s+3)}\end{bmatrix}$$

的最小实现。

解　$\boldsymbol{G}(s)$ 是严格的有理真分式，直接将其写为按 s 降幂排列的标准形式：

$$\boldsymbol{G}(s)=\begin{bmatrix}\dfrac{1}{(s+1)(s+2)} & \dfrac{1}{(s+2)(s+3)}\end{bmatrix}=\frac{1}{(s+1)(s+2)(s+3)}\begin{bmatrix}s+3 & s+1\end{bmatrix}$$

$$=\frac{1}{s^3+6s^2+11s+6}\begin{bmatrix}s+3 & s+1\end{bmatrix}$$

设输入矢量的维数 $r=1$，输出矢量的维数 $m=2$，可直接写出 $\boldsymbol{G}(s)$ 对应的能控标准型实现：

$$\boldsymbol{A}_c=\begin{bmatrix}0&1&0\\0&0&1\\-6&-11&-6\end{bmatrix},\ \boldsymbol{B}_c=\begin{bmatrix}0\\0\\1\end{bmatrix},\ \boldsymbol{C}_c=\begin{bmatrix}3&1&0\\1&1&0\end{bmatrix}$$

二、能控能观测与传递函数的关系

定理 4-8 对于单输入单输出系统：

$$\left.\begin{aligned}\dot{x}&=Ax+bu\\ y&=cx\end{aligned}\right\}$$

能控且能观测的充要条件是其传递函数：

$$G(s)=c(sI-A)^{-1}b$$

的分子分母没有零极点对消。

例 4-22 系统传递函数为

$$G(s)=\frac{s+1}{s^2+3s+2}$$

试分析系统的实现。

解 系统传递函数的分子分母具有相同因子 $s+1$，即出现了零极点对消，因此，系统状态是不完全能控或不完全能观，或是既不完全能控又不完全能观。

系统能控不能观测子空间的状态空间表达式(能控标准型)为

$$\dot{x}_c=\begin{bmatrix}0&1\\-2&-3\end{bmatrix}x_c+\begin{bmatrix}0\\1\end{bmatrix}u,\quad y=[1\quad 1]x_c$$

能观测不能控子空间的状态空间表达式(能观测标准型)为

$$\dot{x}_o=\begin{bmatrix}0&-2\\1&-3\end{bmatrix}x_o+\begin{bmatrix}1\\1\end{bmatrix}u,\quad y=[0\quad 1]x_o$$

不能控不能观测子空间的状态空间表达式(对角线标准型)为

$$\dot{x}=\begin{bmatrix}-1&0\\0&-2\end{bmatrix}x+\begin{bmatrix}0\\1\end{bmatrix}u,\quad y=[0\quad 1]x$$

习 题 4

4-1 说明系统能控性、能观测性的定义，并说明能控能观测性的物理意义。

4-2 系统能控性和能观测性的判别准则有哪些？

4-3 系统经过非奇异变换后能控、能观测性是否改变？

4-4 什么是对偶原理？两个互为对偶的系统意味着什么？

4-5 简述单输入单输出系统的能控标准型与传递函数之间的关系。

4-6 线性系统结构可分解为哪几部分？是否所有系统都能分解为这些部分？

4-7 已知系统的传递函数为

$$G(s)=\frac{s^2+6s+8}{s^2+4s+3}$$

试求能控标准型、能观测标准型、对角线标准型的状态空间表达式。

4-8 已知系统状态空间表达式为

$$\left.\begin{aligned}\dot{x}&=\begin{bmatrix}0&-2\\1&-3\end{bmatrix}x+\begin{bmatrix}1\\-1\end{bmatrix}u\\ y&=[1\quad 0]x\end{aligned}\right\}$$

试将系统化成对角线标准型，求出相应的变换矩阵和状态空间表达式。

4-9 已知系统状态空间表达式为

$$\left.\begin{aligned}\dot{\boldsymbol{x}}&=\begin{bmatrix}0&1\\-1&-2\end{bmatrix}\boldsymbol{x}+\begin{bmatrix}1\\-1\end{bmatrix}u\\ y&=\begin{bmatrix}1&0\end{bmatrix}\boldsymbol{x}\end{aligned}\right\}$$

试将系统化成约当标准型，求出相应的变换矩阵和状态空间表达式。

4-10 已知线性定常系统的状态方程及输出方程分别为

$$\dot{\boldsymbol{x}}=\begin{bmatrix}-4&5\\1&0\end{bmatrix}\boldsymbol{x}+\begin{bmatrix}-5\\1\end{bmatrix}u$$

$$y=\begin{bmatrix}1&-1\end{bmatrix}\boldsymbol{x}$$

试判别系统的能控性。

4-11 已知线性定常系统的状态方程及输出方程分别为

$$\dot{\boldsymbol{x}}=\begin{bmatrix}a&b\\c&d\end{bmatrix}\boldsymbol{x}+\begin{bmatrix}1\\1\end{bmatrix}u$$

$$y=\begin{bmatrix}1&0\end{bmatrix}\boldsymbol{x}$$

试确定系统完全能控与完全能观测时的 a、b、c、d。

4-12 已知系统的状态空间表达式为

$$\left.\begin{aligned}\dot{\boldsymbol{x}}&=\begin{bmatrix}0&1\\-2&-3\end{bmatrix}\boldsymbol{x}+\begin{bmatrix}b_1\\b_2\end{bmatrix}\\ y&=\begin{bmatrix}c_1&c_2\end{bmatrix}\boldsymbol{x}\end{aligned}\right\}$$

(1) 将系统化成对角线标准型，求出相应的变换矩阵和状态空间表达式；

(2) 要使系统中有一个状态既能控又能观测，令一个状态既不能控又不能观测，试确定 b_1，b_2 和 c_1，c_2 应满足的关系。

4-13 判断下述系统是否完全能控。

(1) $\dot{\boldsymbol{x}}=\begin{bmatrix}-2&0\\0&-2\end{bmatrix}\boldsymbol{x}+\begin{bmatrix}2\\1\end{bmatrix}u$

(2) $\dot{\boldsymbol{x}}=\begin{bmatrix}3&0&0&0\\0&3&0&0\\0&0&3&0\\0&0&0&1\end{bmatrix}\boldsymbol{x}+\begin{bmatrix}1&2\\1&1\\2&1\\0&1\end{bmatrix}u$

4-14 试判断下述系统是否完全能观测。

(1) $\dot{\boldsymbol{x}}=\begin{bmatrix}2&1\\1&2\end{bmatrix}\boldsymbol{x}+\begin{bmatrix}-1\\1\end{bmatrix}u$，$y=\begin{bmatrix}1&-1\end{bmatrix}\boldsymbol{x}$

(2) $\dot{\boldsymbol{x}}=\begin{bmatrix}-2&1&0\\0&-2&0\\0&0&-2\end{bmatrix}\boldsymbol{x}$，$\boldsymbol{y}=\begin{bmatrix}1&0&4\\2&0&8\end{bmatrix}\boldsymbol{x}$

(3) $\dot{\boldsymbol{x}}=\begin{bmatrix}0&1\\-3&-4\end{bmatrix}\boldsymbol{x}+\begin{bmatrix}1\\2\end{bmatrix}u$，$y=\begin{bmatrix}1&0\\2&1\end{bmatrix}\boldsymbol{x}+\begin{bmatrix}1\\0\end{bmatrix}u$

4-15 确定下述系统的能控性和能观测性。

(1) $\begin{bmatrix}\dot{x}_1\\ \dot{x}_2\end{bmatrix}=\begin{bmatrix}-1 & 0\\ 0 & -3\end{bmatrix}\begin{bmatrix}x_1\\ x_2\end{bmatrix}+\begin{bmatrix}1\\ 1\end{bmatrix}u$，$y=\begin{bmatrix}\frac{3}{2} & \frac{1}{2}\end{bmatrix}\begin{bmatrix}x_1\\ x_2\end{bmatrix}+u$

(2) $\dot{\boldsymbol{x}}=\begin{bmatrix}-5 & -1\\ 6 & 0\end{bmatrix}\boldsymbol{x}+\begin{bmatrix}0\\ 2\end{bmatrix}u$，$y=[0\quad 1]\boldsymbol{x}$

(3) $\dot{\boldsymbol{x}}=\begin{bmatrix}0 & 1\\ -1 & 0\end{bmatrix}\boldsymbol{x}+\begin{bmatrix}0\\ 1\end{bmatrix}u$，$y=[0\quad 1]\boldsymbol{x}$

(4) $$\left.\begin{aligned}&\begin{bmatrix}\dot{x}_1\\ \dot{x}_2\\ \dot{x}_3\\ \dot{x}_4\end{bmatrix}=\begin{bmatrix}-4 & 1 & 0 & 0\\ 0 & -4 & 0 & 0\\ 0 & 0 & -3 & 1\\ 0 & 0 & 0 & -3\end{bmatrix}\begin{bmatrix}x_1\\ x_2\\ x_3\\ x_4\end{bmatrix}+\begin{bmatrix}0 & 0\\ 0 & 0\\ 0 & 0\\ 2 & 0\end{bmatrix}\begin{bmatrix}u_1\\ u_2\end{bmatrix}\\ &\begin{bmatrix}y_1\\ y_2\end{bmatrix}=\begin{bmatrix}1 & 0 & 0 & 0\\ 0 & 0 & 1 & 0\end{bmatrix}\begin{bmatrix}x_1\\ x_2\\ x_3\\ x_4\end{bmatrix}\end{aligned}\right\}$$

4-16 双输入双输出系统结构图如图4-8所示，其中 a、b、c、d 均为常数。试分析系统的能控性和能观测性。

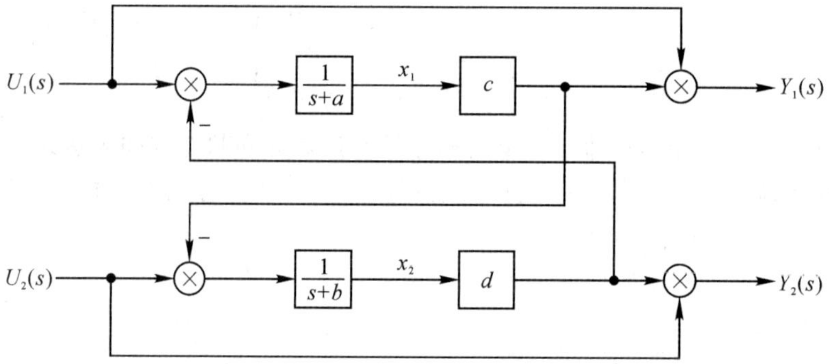

图4-8 双输入双输出系统结构图

第五章　系统运动的稳定性

本章主要介绍李雅普诺夫意义下的稳定性概念和系统稳定性判别方法，包括李雅普诺夫第一法、李雅普诺夫第二法和线性定常系统的稳定性判别定理等内容。

第一节　李雅普诺夫意义下的稳定性

一、系统的稳定性

1. 稳定性

定义 5－1　对应线性定常系统$\{\boldsymbol{A}, \boldsymbol{B}, \boldsymbol{C}, \boldsymbol{D}\}$，若输入 $\boldsymbol{u}$ 为零，由初始条件 $\boldsymbol{x}_0$ 引起的零输入响应

$$\lim_{t\to\infty} e^{\boldsymbol{A}t}\boldsymbol{x}_0 \to 0$$

则称系统是内部稳定的，或称系统为渐近稳定的，这也是工程意义下的稳定性。稳定性示意图如图 5－1 所示。

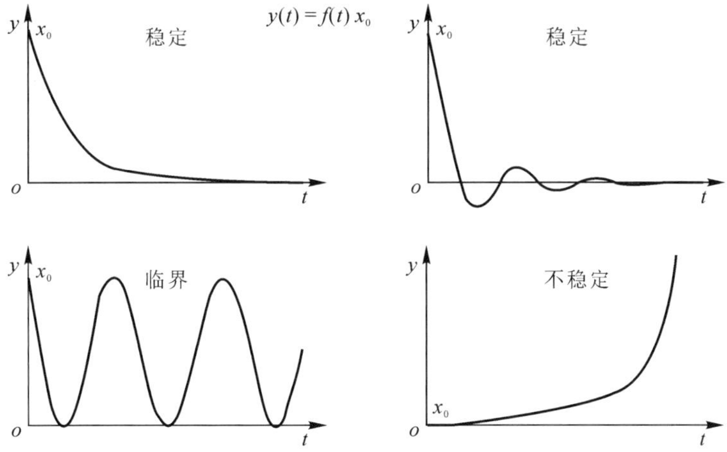

图 5－1　稳定性示意图

2. 平衡状态

定义 5－2　对于非线性系统 $\dot{\boldsymbol{x}}=\boldsymbol{f}(\boldsymbol{x})$，满足 $\boldsymbol{f}(\boldsymbol{x})=\boldsymbol{0}$ 的解 $\boldsymbol{x}_e$ 称为系统的一个平衡状态。

对于线性系统 $\dot{\boldsymbol{x}}=\boldsymbol{A}\boldsymbol{x}$，满足 $\boldsymbol{A}\boldsymbol{x}=0$ 的解 $\boldsymbol{x}_e$ 称为系统的一个平衡状态。平衡状态可通过求解系统状态方程得到。一般来说，可以通过坐标转换将平衡状态转移到坐标原点，即 $\boldsymbol{x}_e=\boldsymbol{0}$，这时系统的平衡状态为坐标原点。

由 $\boldsymbol{A}\boldsymbol{x}_e=\boldsymbol{0}$ 知，若 $\boldsymbol{A}$ 是非奇异的，则系统只存在唯一的一个平衡状态，若 $\boldsymbol{A}$ 是奇异的，则系统存在无限多个平衡状态。

二、李雅普诺夫稳定性概念

工程意义下的稳定性在系统分析和设计中具有一定的局限性，对系统稳定的要求较为苛刻。李雅普诺夫(简称李氏)从系统运动的状态出发，提出了李氏意义下的稳定性概念，为系统稳定性分析打开了一个新领域。

1. 李氏稳定性定义

定义 5-3 若 $\boldsymbol{x}_e$ 为系统的一个孤立平衡状态，则称其为李雅普诺夫意义下的稳定，如果给定 $\varepsilon>0$，对应存在 $\delta(\varepsilon, t_0)>0$，满足：

$$\|\boldsymbol{x}_0-\boldsymbol{x}_e\|\leqslant\delta(\varepsilon, t_0)$$

的任一初态 $\boldsymbol{x}_0$ 出发的受扰运动均满足：

$$\|\boldsymbol{\Phi}(t, t_0)\boldsymbol{x}_0-\boldsymbol{x}_e\|\leqslant\varepsilon, \ \forall t\geqslant t_0$$

李氏意义下稳定的平衡状态如图 5-2 所示。

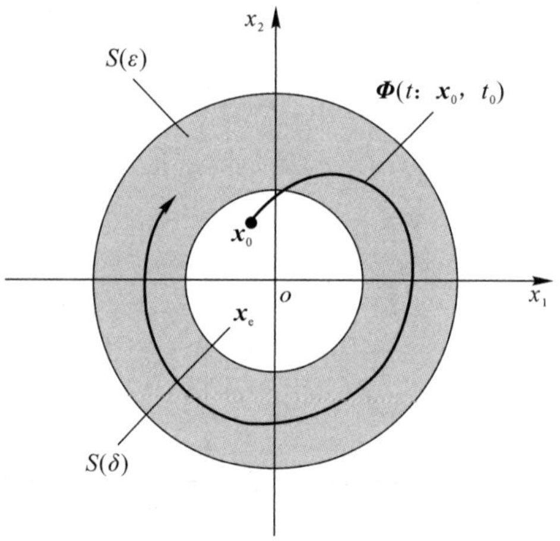

图 5-2 李氏意义下的稳定性示意图

由图 5-2 可以看出，域 $\boldsymbol{S}(\delta)$ 内任意点出发的运动轨迹在所有时刻都不越出域 $\boldsymbol{S}(\varepsilon)$ 的边界。

李氏意义下稳定相当于工程意义下的临界不稳定，或者说是临界稳定，它表示的是一种动态稳定关系。

2. 渐近稳定

定义 5-4 称 $\boldsymbol{x}_e$ 是渐近稳定的，如果

(1) $\boldsymbol{x}_e$ 是李氏意义下稳定的；

(2) 对任意实数 $\mu>0$，存在 $T(\mu, \delta, t_0)>0$ 使

$$\|\boldsymbol{\Phi}(t, t_0)\boldsymbol{x}_0-\boldsymbol{x}_e\|\leqslant\mu, \ \forall t\geqslant t_0+T(\mu, \delta, t_0)$$

当 $\mu\to0$，$T(\mu, \delta, t_0)>0$ 时，有

$$\lim_{t\to\infty}\|\boldsymbol{\Phi}(t, t_0)\boldsymbol{x}_0-\boldsymbol{x}_e\|=0, \ \forall \boldsymbol{x}_0\in\boldsymbol{S}(\delta)$$

渐近稳定示意图如图 5-3 所示。

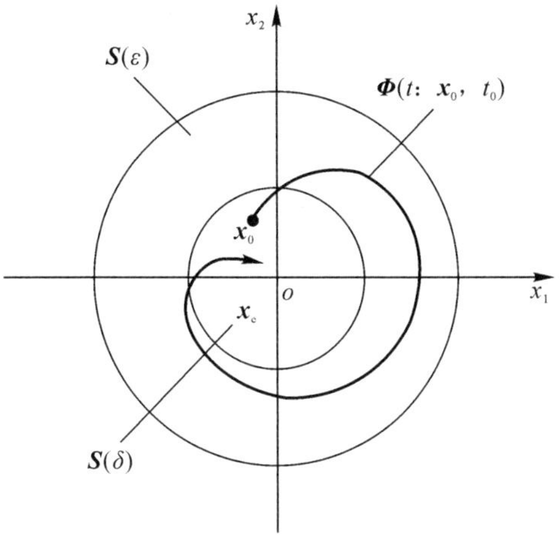

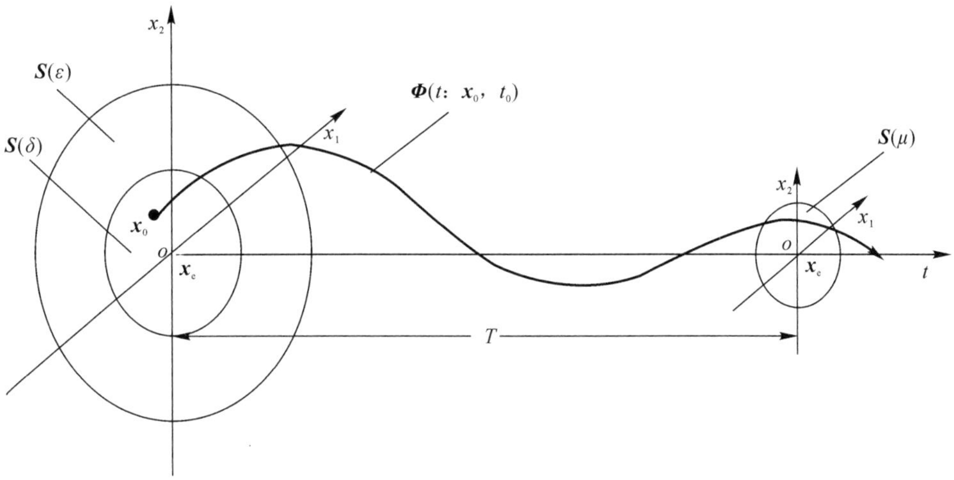

图 5-3 渐近稳定示意图

3. 大范围渐近稳定

若任意初态 $\boldsymbol{x}_0$ 的受扰运动有：

$$\lim_{t\to\infty}\|\boldsymbol{\Phi}(t,\ t_0)\boldsymbol{x}_0\|=0$$

则称原点平衡状态 $\boldsymbol{x}_e=0$ 是大范围渐近稳定的。

(1) 大范围渐近稳定也称全局渐近稳定。

(2) 平衡状态大范围渐近稳定的必要条件为状态空间中不存在其他渐近稳定的平衡状态。

(3) 对线性系统而言，由叠加原理可知，若平衡状态为渐近稳定，则其必为大范围渐近稳定。

(4) 李雅普诺夫意义下的渐近稳定和工程意义下的稳定是等价的。

4. 不稳定

定义 5-5 不稳定条件的示意图如图 5-4 所示。

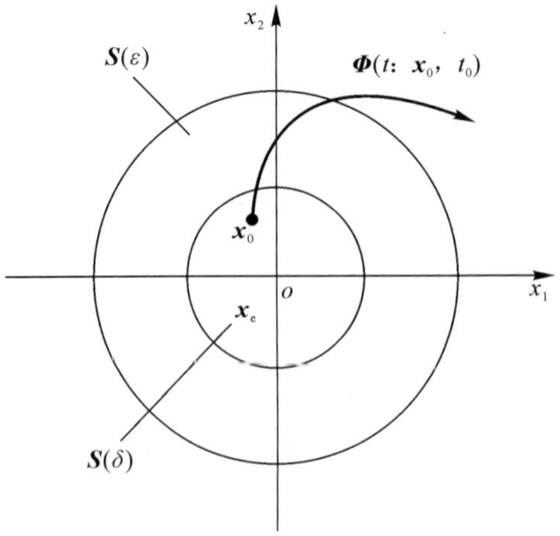

图 5-4 不稳定示意图

由图 5-4 可知，如果平衡状态 x_e 是不稳定的，则不管 $S(\varepsilon)$取多大，$S(\delta)$取多小，必定存在一个非零点，$x_0 \in S(\delta)$使得由该点出发的轨迹越出域 $S(\varepsilon)$。

李雅普诺夫不仅定义了李氏意义下的稳定性，还提出了著名的李雅普诺夫方法。李雅普诺夫方法同时适用于线性系统和非线性系统、时变系统和时不变系统、连续时间系统和离散时间系统。李雅普诺夫方法从本质上讲可分为李雅普诺夫第一法和李雅普诺夫第二法。

第二节 李雅普诺夫第一法

李雅普诺夫第一法也称李雅普诺夫间接法。间接法的基本思路是根据状态方程的解判别系统的稳定性。对于线性系统只需求出特征值就可以判别其稳定性。对于非线性系统，则必须先将系统的状态方程线性化，然后用线性化方程的特征值判别系统的稳定性。

一、线性定常系统稳定性

定理 5-1 线性定常连续系统$\{A, B, C, D\}$渐近稳定的充分必要条件是 A 阵的所有特征值都具有负实部。

例 5-1 试分析下列系统的渐近稳定性：

$$\dot{x}=\begin{bmatrix}0 & 6\\ 1 & -1\end{bmatrix}x+\begin{bmatrix}-2\\ 1\end{bmatrix}u, \quad y=[0 \quad 1]x$$

解 系统矩阵 A 的特征方程为

$$\det(\lambda I-A)=\lambda(\lambda+1)-6=(\lambda-2)(\lambda+3)=0$$

解得 A 阵的特征值 $\lambda_1=2$、$\lambda_2=-3$。因系统的一个特征值为正，故系统不是渐近稳定的。

间接法属于小范围稳定性分析方法。经典控制理论中对稳定性的讨论正是建立在李雅普诺夫间接法思路基础上的。

二、非线性系统稳定性

对于非线性系统，用其线性化方程即一次近似式的特征值来判别系统的稳定性。

设系统在零输入下的状态方程为

$$\dot{\boldsymbol{x}}=\boldsymbol{f}(\boldsymbol{x})$$

将其在平衡状态展开成泰勒级数

$$\dot{\boldsymbol{x}}=\left.\frac{\partial \boldsymbol{f}}{\partial \boldsymbol{x}^{\mathrm{T}}}\right|_{\boldsymbol{x}=\boldsymbol{x}_{\mathrm{e}}}(\boldsymbol{x}-\boldsymbol{x}_{\mathrm{e}})+\boldsymbol{g}(\boldsymbol{x})$$

其中，$\boldsymbol{g}(\boldsymbol{x})$是级数展开式中的高阶项，而雅克比(Jacobian)矩阵为

$$\frac{\partial \boldsymbol{f}}{\partial \boldsymbol{x}^{\mathrm{T}}}=\begin{bmatrix} \dfrac{\partial f_1}{\partial x_1} & \dfrac{\partial f_1}{\partial x_2} & \cdots & \dfrac{\partial f_1}{\partial x_n} \\ \dfrac{\partial f_2}{\partial x_1} & \dfrac{\partial f_2}{\partial x_2} & \cdots & \dfrac{\partial f_2}{\partial x_2} \\ \vdots & \vdots & & \vdots \\ \dfrac{\partial f_n}{\partial x_1} & \dfrac{\partial f_n}{\partial x_2} & \cdots & \dfrac{\partial f_n}{\partial x_n} \end{bmatrix}$$

引入偏差向量：

$$\delta\boldsymbol{x}=\boldsymbol{x}-\boldsymbol{x}_{\mathrm{e}}$$

可得

$$\delta\dot{\boldsymbol{x}}=\mathbf{A}\delta\boldsymbol{x}$$

式中

$$\mathbf{A}=\left.\frac{\partial \boldsymbol{f}}{\partial \boldsymbol{x}^{\mathrm{T}}}\right|_{\boldsymbol{x}=\boldsymbol{x}_{\mathrm{e}}} \tag{5-1}$$

定理 5-2　非线性系统间接法稳定性判别准则如下：

(1) 假如式(5-1)的系数矩阵 $\mathbf{A}$ 的所有值都具有负实部，则原非线性系统的平衡状态是稳定的，且系统的稳定性与高阶导数项无关。

(2) 如果一次近似式 $\mathbf{A}$ 的特征值中至少有一个实部为正的特征值，那么原非线性系统的平衡状态是不稳定的。

(3) 如果一次近似式 $\mathbf{A}$ 的特征值中没有实部为正的特征值，但有零特征值，那么原非线性系统平衡状态的稳定性由高阶项决定。

例 5-2　描述振荡器电压产生的 VanderPol 方程是

$$\dot{v}+u(v^2-1)\dot{v}+Kv=Q$$

式中，

$$u<0,\ K>0$$

试确定系统为渐近稳定系统时 Q 的取值范围。

解　令

$$x_1=v,\ x_2=\dot{v}$$

则系统的状态方程为

$$\left.\begin{aligned} \dot{x}_1&=x_2 \\ \dot{x}_2&=-u(x_1^2-1)x_2-Kx_1+Q \end{aligned}\right\}$$

系统的平衡状态为

$$\boldsymbol{x}_e=\begin{bmatrix}x_{e1}\\x_{e2}\end{bmatrix}=\begin{bmatrix}\dfrac{Q}{K}\\0\end{bmatrix}=\begin{bmatrix}V\\0\end{bmatrix}$$

将系统方程线性化，有

$$\boldsymbol{A}=\frac{\partial \boldsymbol{f}}{\partial \boldsymbol{x}^{\mathrm{T}}}\bigg|_{\boldsymbol{x}=\boldsymbol{x}_e}=\begin{bmatrix}0 & 1\\-K & -u(V^2-1)\end{bmatrix}$$

A 的特征方程为

$$\det \boldsymbol{A}=\lambda^2+u(V^2-1)\lambda+K=0$$

根据间接法判别准则，要使系统平衡状态是渐近稳定的，则要求

$$u(V^2-1)>0,\ K>0$$

已知 $u<0$，则有

$$-1<V<1$$

即系统为渐近稳定的条件是

$$-K<Q<K$$

例 5-3 设系统的状态方程为

$$\left.\begin{aligned}\dot{x}_1&=x_1-x_1x_2\\\dot{x}_2&=-x_2-x_1x_2\end{aligned}\right\}$$

试分析系统在平衡状态处的稳定性。

解 系统有两个平衡状态：

$$\boldsymbol{x}_{e1}=\begin{bmatrix}0\\0\end{bmatrix},\ \boldsymbol{x}_{e2}=\begin{bmatrix}-1\\1\end{bmatrix}$$

对系统线性化后有

$$\boldsymbol{A}=\frac{\partial \boldsymbol{f}}{\partial \boldsymbol{x}^{\mathrm{T}}}\bigg|_{\boldsymbol{x}=\boldsymbol{x}_e}=\begin{bmatrix}1-x_2 & -x_1\\-x_2 & -1-x_1\end{bmatrix}$$

当 $x_{e1}=\begin{bmatrix}0\\0\end{bmatrix}$时，$\boldsymbol{A}=\begin{bmatrix}1 & 0\\0 & -1\end{bmatrix}$，其特征值为−1，1，可见原系统在该平衡点处是不稳定的。

当 $x_{e2}=\begin{bmatrix}-1\\1\end{bmatrix}$时，$\boldsymbol{A}=\begin{bmatrix}0 & 1\\-1 & 0\end{bmatrix}$，其特征值为−j，j，实部为零，无法判断系统在该平衡点处的稳定性。

第三节 李雅普诺夫第二法

李雅普诺夫第二法也称李雅普诺夫直接法。直接法不必对运动方程进行求解，而是直接确定系统平衡状态的稳定性。它建立在用能量观点分析稳定性的基础上。若系统的平衡状态是渐近稳定的，则系统激励后其贮存的能量将随时间的推移而衰减，当系统趋于平衡状态时，其能量到达最小值。

一、李雅普诺夫函数

李雅普诺夫引出一个虚拟的广义能量函数来判别系统的稳定性。

分析有弹簧 K、质量块 M 和阻尼器 B 所组成的机械系统，如图 5－5 所示。

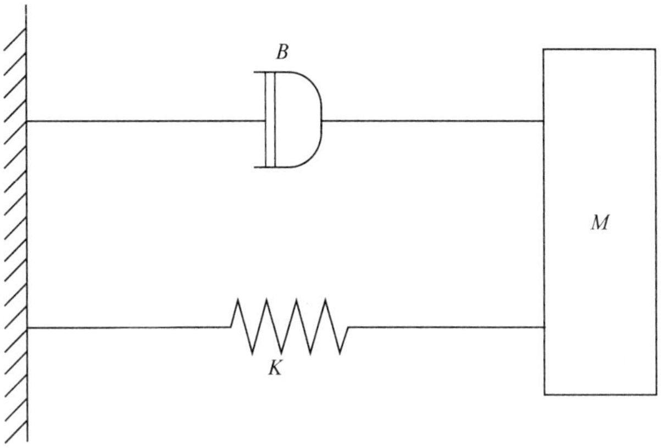

图 5－5　弹簧、质量和阻尼器系统

选择状态变量 $x_1=y$，$x_2=\dot{y}$，得到系统状态方程：

$$\left.\begin{aligned}\dot{x}_1&=x_2\\ \dot{x}_2&=-\frac{K}{M}x_1-\frac{B}{M}x_2\end{aligned}\right\}$$

系统中贮存的能量是弹簧 K 的势能以及质量块 M 的动能，用标量函数表示系统的能量。

$$V(\boldsymbol{x})=\frac{1}{2}Kx_1^2+\frac{1}{2}Mx_2^2$$

显然，$V(\boldsymbol{x})$总是一个正值函数。另外，能量又以热的形式耗散在阻尼器中，其耗散速率可用状态标量表示为

$$\dot{V}(\boldsymbol{x})=-B\dot{x}_1x_2=-Bx_2^2$$

由上式可以看出，$\dot{V}(\boldsymbol{x})$恒为负值。这意味着贮存在系统中的能量将随时间的推移逐渐趋近于零，从而运动轨迹也将随着时间的增加而趋于坐标原点，故坐标原点是渐近稳定的。

李雅普诺夫第二法就是用$V(\boldsymbol{x})$和$\dot{V}(\boldsymbol{x})$的正负来判别系统的稳定性，然而一般系统未必都能定义一个能量函数。

二、正定型判别准则

1. 正定概念

1）正定的

定义 5－6　如果对于所有域 Ω 中的非零向量 $\boldsymbol{x}$，有 $V(\boldsymbol{x})>0$，且在 $\boldsymbol{x}=\boldsymbol{0}$ 处有 $V(\boldsymbol{x})=0$，则在域 Ω 内标量函数 $V(\boldsymbol{x})$为正定的。

如 $V(\boldsymbol{x})=x_1^2+2x_2^2$。

2）半正定的

定义 5－7　如果标量函数 $V(\boldsymbol{x})$在原点以及某些状态处等于零，在域 Ω 的其余状态都是正的，则 $V(\boldsymbol{x})$为半正定的。

如 $V(\boldsymbol{x})=(x_1+x_2)^2$。

3）负定的

定义 5-8 如果 $-V(\boldsymbol{x})$ 是正定的，则 $V(\boldsymbol{x})$ 为负定的。

如 $V(\boldsymbol{x})=-(x_1^2+2x_2^2)$。

4）半负定的

定义 5-9 如果 $-V(\boldsymbol{x})$ 是半正定的，则 $V(\boldsymbol{x})$ 为半负定的。

如 $V(\boldsymbol{x})=-(x_1+x_2)^2$。

5）不定的

定义 5-10 如果在域 Ω 内，不论域 Ω 多么小，$V(\boldsymbol{x})$ 即可为正值，也可为负值，则标量函数 $V(\boldsymbol{x})$ 称为不定的。

如 $V(\boldsymbol{x})=x_1x_2+x_2^2$。

6）二次型标量函数

定义 5-11 如下形式的函数：

$$V(\boldsymbol{x})=\boldsymbol{x}^{\mathrm{T}}\boldsymbol{P}\boldsymbol{x}=[x_1 \quad x_2 \quad \cdots \quad x_n]\begin{bmatrix} p_{11} & p_{12} & \cdots & p_{1n} \\ p_{21} & p_{22} & \cdots & p_{2n} \\ \vdots & \vdots & & \vdots \\ p_{n1} & p_{n2} & \cdots & p_{nn} \end{bmatrix}\begin{bmatrix} x_1 \\ x_2 \\ \vdots \\ x_n \end{bmatrix} \tag{5-2}$$

称为二次型函数。

2. 判别准则

对于 $\boldsymbol{P}$ 为实对称矩阵二次型的正定型可以用塞尔维亚斯特(Sylvester)准则来判断。

(1) 二次型 $V(\boldsymbol{x})$ 为正定的充分必要条件是矩阵 $\boldsymbol{P}$ 的所有主子行列式为正，即

$$p_{11}>0,\ \begin{vmatrix} p_{11} & p_{12} \\ p_{21} & p_{22} \end{vmatrix}>0,\ \cdots,\ \begin{vmatrix} p_{11} & p_{12} & \cdots & p_{1n} \\ p_{21} & p_{22} & \cdots & p_{2n} \\ \vdots & \vdots & & \vdots \\ p_{n1} & p_{n2} & \cdots & p_{nn} \end{vmatrix}>0$$

(2) 二次型为负定的充分必要条件是 $\boldsymbol{P}$ 的各阶主子式成立，即

$$\Delta_i\begin{cases} >0,\ i=1,\ 3,\ 5,\ \cdots \\ <0,\ i=2,\ 4,\ 6,\ \cdots \end{cases}$$

三、李雅普诺夫第二法定理

考察最为一般情形的连续时间非线性自治系统：

$$\dot{\boldsymbol{x}}=f(\boldsymbol{x},\ t),\ t\in[t_0,\ \infty) \tag{5-3}$$

设状态空间的原点为系统的孤立平衡状态。

1. 非线性系统大范围渐近稳定判别定理

定理 5-3 对于式(5-3)所示的连续定常非线性系统，如果存在标量函数 $V(\boldsymbol{x})$，$V(\boldsymbol{0})=0$，且满足：

(1) $V(\boldsymbol{x})$ 正定；

(2) $\dot{V}(\boldsymbol{x})$ 负定；

(3) 当 $\|\boldsymbol{x}\|\to 0$ 时，有 $V(\boldsymbol{x})\to\infty$。

则称系统原点平衡状态 $\boldsymbol{x}=\boldsymbol{0}$ 为大范围渐近稳定。

例 5-4　判断连续定常非线性系统：

$$\dot{x}_1=x_2-x_1(x_1^2+x_2^2)$$
$$\dot{x}_2=-x_1-x_2(x_1^2+x_2^2)$$

是否为大范围渐近稳定的。

解　易知 $x_1=0$，$x_2=0$ 为其唯一平衡状态，现取

$$V(\boldsymbol{x})=x_1^2+x_2^2$$

可得 $V(\boldsymbol{x})$是正定的，且 $V(\boldsymbol{0})=0$，又

$$\begin{aligned}\dot{V}(\boldsymbol{x})&=\frac{\partial v}{\partial x_1}\cdot\frac{\mathrm{d}x_1}{\mathrm{d}t}+\frac{\partial v}{\partial x_2}\cdot\frac{\mathrm{d}x_2}{\mathrm{d}t}\\&=2x_1[x_2-x_1(x_1^2+x_2^2)]+2x_2[-x_1-x_2(x_1^2+x_2^2)]\\&=-2(x_1^2+x_2^2)^2\end{aligned}$$

表明 $\dot{V}(\boldsymbol{x})$为负定，且 $\dot{V}(\boldsymbol{0})=0$。当

$$\|\boldsymbol{x}\|=\sqrt{x_1^2+x_2^2}\to\infty$$

有

$$V(\boldsymbol{x})=\|\boldsymbol{x}\|^2\to\infty$$

可得系统原点平衡状态是大范围渐近稳定的。

定理 5-4　对于式(5-3)所示的连续定常非线性系统，如果存在标量函数 $V(\boldsymbol{x})$，$V(\boldsymbol{0})=0$，且满足：

(1) $V(\boldsymbol{x})$正定；

(2) $\dot{V}(\boldsymbol{x})$半负定且不恒等于零；

(3) 当 $\|\boldsymbol{x}\|\to 0$ 时，有 $V(\boldsymbol{x})\to\infty$。

则称系统原点平衡状态 $\boldsymbol{x}=\boldsymbol{0}$ 为大范围渐近稳定。

与非线性系统大范围渐近稳定判别定理 1 相比，该定理在物理上放宽了判定条件，允许系统运动过程在某些状态点上“能量”速率为零，由“$\dot{V}(\boldsymbol{x})$不恒等于零”保证运动过程能脱离这类状态点，进而收敛到原点平衡状态。

$\dot{V}(\boldsymbol{x})$“恒等于零”和“不恒等于零”的几何解释如图 5-6 所示。

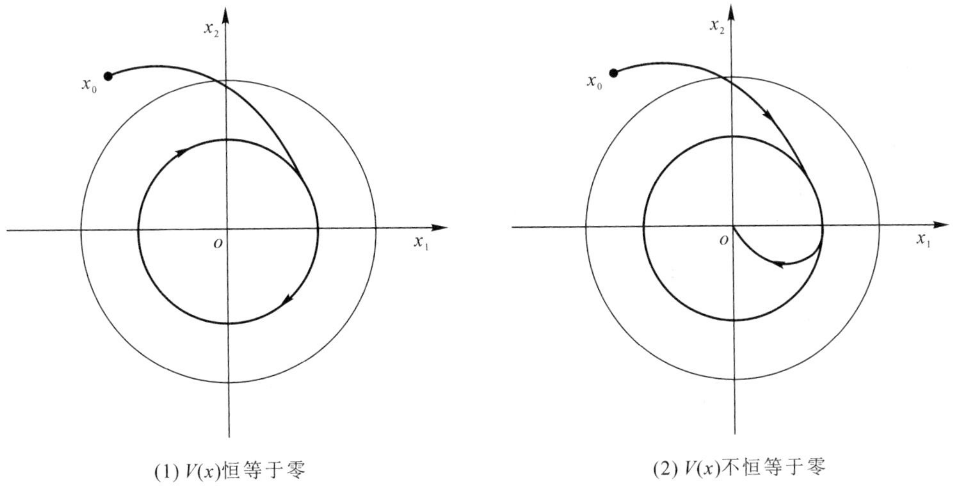

图 5-6　$\dot{V}(\boldsymbol{x})$恒等于零和不恒等于零的几何解释

例 5-5 给定一个系统

$$\dot{x}_1=x_2,\ \dot{x}_2=-x_1-x_2$$

试确定系统平衡状态的稳定性。

解 可求得原点为唯一平衡状态，取

$$V(\boldsymbol{x})=x_1^2+x_2^2$$

可得 $V(\boldsymbol{x})$是正定的，且 $V(\boldsymbol{0})=0$，因

$$\dot{V}(\boldsymbol{x})=2x_1\dot{x}_1+2x_2\dot{x}_2=-2x_2^2$$

故这是一个负半定标量函数。

对于 $\dot{V}(\boldsymbol{x})=-2x_2^2=0$，当 $x_2\neq 0$ 时，知 $\dot{V}(\boldsymbol{x})=-2x_2^2\neq 0$，因此有

$$\dot{V}(\boldsymbol{x})=-2x_2^2\not\equiv 0$$

又当

$$\|\boldsymbol{x}\|=\sqrt{x_1^2+x_2^2}\to\infty$$

有

$$V(\boldsymbol{x})=\|\boldsymbol{x}\|^2=(x_1^2+x_2^2)\to\infty$$

故得系统原点平衡状态为大范围渐近稳定的。

例 5-6 给定一个连续定常非线性系统

$$\dot{x}_1=x_2$$

$$\dot{x}_2=-x_1-(1+x_2)^2x_2$$

试确定系统平衡状态稳定性。

解 可求得原点为唯一平衡状态，取

$$V(\boldsymbol{x})=x_1^2+x_2^2$$

可得 $\dot{V}(\boldsymbol{x})=2x_1\dot{x}_1+2x_2\dot{x}_2=-2x_2^2(1+x_2)^2$，这是一个负半定标量函数。

同样可以判断出 $\dot{V}(\boldsymbol{x})$不恒等于零。

当 $\|\boldsymbol{x}\|=\sqrt{x_1^2+x_2^2}\to\infty$时，有 $V(\boldsymbol{x})=\|\boldsymbol{x}\|^2=(x_1^2+x_2^2)\to\infty$，故得系统原点平衡状态为大范围渐近稳定的。

2. 非线性定常系统不稳定判别定理

定理 5-5 对于连续定常非线性自治系统，如果存在 $V(\boldsymbol{x})$，$V(\boldsymbol{0})=0$，以及范围绕原点的一个吸引区 Ω，对一切 $\boldsymbol{x}\in\Omega$ 满足以下条件：

(1) $V(\boldsymbol{x})$正定；

(2) $\dot{V}(\boldsymbol{x})$为正定，

则系统原点平衡状态为不稳定的。

一般来说，在非线性系统稳定性判别时，选择李雅普诺夫函数最简单的形式是二次型函数 $V(\boldsymbol{x})=\boldsymbol{x}^{\mathrm{T}}\boldsymbol{P}\boldsymbol{x}$，其中 $\boldsymbol{P}$ 为实对称方阵。

第四节 线性定常系统稳定性分析

将非线性系统大范围渐近稳定判别定理应用到线性定常系统中，可得李雅普诺夫方程和线性定常系统渐近稳定判别定理。

一、李雅普诺夫方程

对于线性定常连续系统：

$$\dot{\boldsymbol{x}}=\boldsymbol{A}\boldsymbol{x}$$

假设所选的李雅普诺夫函数为

$$V(\boldsymbol{x})=\boldsymbol{x}^{\mathrm{T}}\boldsymbol{P}\boldsymbol{x}$$

式中，$\boldsymbol{P}$ 为 $n\times n$ 的实对称正定矩阵，对 $V(\boldsymbol{x})$ 求导得

$$\dot{V}(\boldsymbol{x})=\dot{\boldsymbol{x}}^{\mathrm{T}}\boldsymbol{P}\boldsymbol{x}+\boldsymbol{x}^{\mathrm{T}}\boldsymbol{P}\dot{\boldsymbol{x}}$$

将状态方程代入上式，有

$$\dot{V}(\boldsymbol{x})=(\boldsymbol{A}\boldsymbol{x})^{\mathrm{T}}\boldsymbol{P}\boldsymbol{x}+\boldsymbol{x}^{\mathrm{T}}\boldsymbol{P}\boldsymbol{A}\boldsymbol{x}=\boldsymbol{x}^{\mathrm{T}}\boldsymbol{A}^{\mathrm{T}}\boldsymbol{P}\boldsymbol{x}+\boldsymbol{x}^{\mathrm{T}}\boldsymbol{P}\boldsymbol{A}\boldsymbol{x}=\boldsymbol{x}^{\mathrm{T}}(\boldsymbol{A}^{\mathrm{T}}\boldsymbol{P}+\boldsymbol{P}\boldsymbol{A})\boldsymbol{x}$$

由李氏第二方法知原点渐近稳定的要求是 $\dot{V}(\boldsymbol{x})$ 是负定的，因此必须有

$$\dot{V}(\boldsymbol{x})=-\boldsymbol{x}^{\mathrm{T}}\boldsymbol{Q}\boldsymbol{x}$$

其中，$\boldsymbol{Q}$ 为正定矩阵：

$$\boldsymbol{Q}=-(\boldsymbol{A}^{\mathrm{T}}\boldsymbol{P}+\boldsymbol{P}\boldsymbol{A}) \tag{5-4}$$

称式(5-4)为李雅普诺夫方程。可见，由 $\boldsymbol{P}$ 解出 $\boldsymbol{Q}$ 再验证其为正定矩阵即可。

二、线性定常系统渐近稳定判别定理

定理 5-6　线性系统的零平衡状态为渐近稳定的充分必要条件是给定的一个正定对称矩阵 $\boldsymbol{Q}$($\boldsymbol{Q}$ 一般取对角阵或单位阵)，存在一个正定对称矩阵 $\boldsymbol{P}$，满足李雅普诺夫方程：

$$\boldsymbol{Q}=-(\boldsymbol{A}^{\mathrm{T}}\boldsymbol{P}+\boldsymbol{P}\boldsymbol{A})$$

且标量函数 $V(\boldsymbol{x})=\boldsymbol{x}^{\mathrm{T}}\boldsymbol{P}\boldsymbol{x}$ 是系统的一个李雅普诺夫函数。

定理 5-6 可用以下过程推导。

设 $\boldsymbol{A}$ 为对角线标准型(若不是对角线标准形也可通过状态变换为对角线标准型)矩阵：

$$\boldsymbol{A}=\begin{bmatrix}\lambda_1 & & & \\ & \lambda_2 & & \\ & & \ddots & \\ & & & \lambda_n\end{bmatrix}$$

对于这种情况，选 $\boldsymbol{P}=\boldsymbol{I}$，则有

$$V(\boldsymbol{x})=\boldsymbol{x}^{\mathrm{T}}\boldsymbol{P}\boldsymbol{x}=\boldsymbol{x}^{\mathrm{T}}\boldsymbol{x}$$

代入李雅普诺夫方程中有

$$\boldsymbol{Q}=-(\boldsymbol{A}^{\mathrm{T}}+\boldsymbol{A})=-2\boldsymbol{A}$$

设

$$\boldsymbol{Q}=\begin{bmatrix}q_{11} & q_{12} & \cdots & q_{1n}\\ q_{21} & q_{22} & \cdots & q_{2n}\\ \vdots & \vdots & & \vdots\\ q_{n1} & q_{n2} & \cdots & q_{nn}\end{bmatrix}$$

则有

$$\begin{bmatrix} q_{11} & q_{12} & \cdots & q_{1n} \\ q_{21} & q_{22} & \cdots & q_{2n} \\ \vdots & \vdots & & \vdots \\ q_{n1} & q_{n2} & \cdots & q_{nn} \end{bmatrix} = \begin{bmatrix} -2\lambda_1 & 0 & \cdots & 0 \\ 0 & -2\lambda_2 & \cdots & 0 \\ \vdots & \vdots & & \vdots \\ 0 & 0 & \cdots & -2\lambda_n \end{bmatrix}$$

显然，只有特征值都是负值时，$\boldsymbol{Q}$ 才是正定的。这正是线性定常系统渐近稳定的充分必要条件。在实际应用中，一般先假设 $\boldsymbol{Q}$ 为单位阵，然后代入李雅普诺夫方程中计算出 $\boldsymbol{P}$，最后判断 $\boldsymbol{P}$ 的正定性并推断系统是否为大范围渐近稳定的。

例 5－7 设系统的状态方程为

$$\begin{bmatrix} \dot{x}_1 \\ \dot{x}_2 \end{bmatrix} = \begin{bmatrix} 0 & 1 \\ -1 & -1 \end{bmatrix} \begin{bmatrix} x_1 \\ x_2 \end{bmatrix}$$

试确定系统在原点的稳定性。

解 选取的李雅普诺夫函数为

$$V(\boldsymbol{x}) = \boldsymbol{x}^{\mathrm{T}} \boldsymbol{P} \boldsymbol{x}$$

式中，$\boldsymbol{P}$ 满足

$$\boldsymbol{A}^{\mathrm{T}} \boldsymbol{P} + \boldsymbol{P} \boldsymbol{A} = -\boldsymbol{Q}$$

为方便起见，取 $\boldsymbol{Q} = \boldsymbol{I}$，于是有

$$\boldsymbol{A}^{\mathrm{T}} \boldsymbol{P} + \boldsymbol{P} \boldsymbol{A} = -\boldsymbol{I}$$

$$\begin{bmatrix} 0 & -1 \\ 1 & -1 \end{bmatrix} \begin{bmatrix} p_{11} & p_{12} \\ p_{21} & p_{22} \end{bmatrix} + \begin{bmatrix} p_{11} & p_{12} \\ p_{21} & p_{22} \end{bmatrix} \begin{bmatrix} 0 & 1 \\ -1 & -1 \end{bmatrix} = -\begin{bmatrix} 1 & 0 \\ 0 & 1 \end{bmatrix}$$

展开后得联立方程组

$$\left. \begin{aligned} -2p_{12} &= -1 \\ p_{11} - p_{12} - p_{22} &= 0 \\ 2p_{12} - 2p_{22} &= -1 \end{aligned} \right\}$$

解得

$$\boldsymbol{P} = \begin{bmatrix} p_{11} & p_{12} \\ p_{21} & p_{22} \end{bmatrix} = \begin{bmatrix} \dfrac{3}{2} & \dfrac{1}{2} \\ \dfrac{1}{2} & 1 \end{bmatrix}$$

利用塞尔维亚斯特法检验 $\boldsymbol{P}$ 的各主子行列式

$$p_{11} = \frac{3}{2} > 0, \quad \begin{vmatrix} p_{11} & p_{12} \\ p_{21} & p_{22} \end{vmatrix} = \begin{vmatrix} \dfrac{3}{2} & \dfrac{1}{2} \\ \dfrac{1}{2} & 1 \end{vmatrix} = \frac{5}{4} > 0$$

可以看出 $\boldsymbol{P}$ 是正定的，因此，这个系统在原点处是大范围渐近稳定的。

李雅普诺夫函数为

$$V(\boldsymbol{x}) = \boldsymbol{x}^{\mathrm{T}} \boldsymbol{P} \boldsymbol{x} = \frac{1}{2}(3x_1^2 + 2x_1 x_2 + 2x_2^2)$$

而

$$\dot{V}(\boldsymbol{x}) = -(x_1^2 + x_2^2)$$

例 5-8　设系统的状态方程为

$$\dot{\boldsymbol{x}}=\begin{bmatrix}-1 & 1\\ 2 & -3\end{bmatrix}\boldsymbol{x}$$

试确定系统在原点的稳定性。

解　选取 $\boldsymbol{Q}=\boldsymbol{I}$，得李雅普诺夫方程

$$\boldsymbol{A}^{\mathrm{T}}\boldsymbol{P}+\boldsymbol{P}\boldsymbol{A}=\begin{bmatrix}-1 & 2\\ 1 & -3\end{bmatrix}\begin{bmatrix}p_1 & p_3\\ p_3 & p_2\end{bmatrix}+\begin{bmatrix}p_1 & p_3\\ p_3 & p_2\end{bmatrix}\begin{bmatrix}-1 & 1\\ 2 & -3\end{bmatrix}=-\begin{bmatrix}1 & 0\\ 0 & 1\end{bmatrix}=-\boldsymbol{Q}$$

由此可导出

$$\left.\begin{aligned}&-2p_1+0p_2+4p_3=-1\\&0p_1-6p_2+2p_3=-1\\&p_1+2p_2-4p_3=0\end{aligned}\right\}$$

$$\begin{bmatrix}p_1\\ p_2\\ p_3\end{bmatrix}=\begin{bmatrix}-2 & 0 & 4\\ 0 & -6 & 2\\ 1 & 2 & -4\end{bmatrix}^{-1}\begin{bmatrix}-1\\ -1\\ 0\end{bmatrix}=-\frac{1}{8}\begin{bmatrix}10 & 4 & 12\\ 1 & 2 & 2\\ 3 & 2 & 6\end{bmatrix}\begin{bmatrix}-1\\ -1\\ 0\end{bmatrix}=\frac{1}{8}\begin{bmatrix}14\\ 3\\ 5\end{bmatrix}$$

$$p_1=\frac{14}{8}>0,\ \begin{vmatrix}p_1 & p_3\\ p_3 & p_2\end{vmatrix}=\frac{1}{8}\begin{bmatrix}14 & 5\\ 5 & 3\end{bmatrix}>0$$

由 $\boldsymbol{P}$ 为正定矩阵可知，系统为渐近稳定的。

例 5-9　判断如下系统稳定性：

$$\dot{x}_1=x_2,\ \dot{x}_2=2x_1-x_2$$

解　令

$$\boldsymbol{A}^{\mathrm{T}}\boldsymbol{P}+\boldsymbol{P}\boldsymbol{A}=-\boldsymbol{Q}=-\boldsymbol{I}$$

有

$$\boldsymbol{P}=\boldsymbol{P}^{\mathrm{T}}=\begin{bmatrix}P_{11} & P_{12}\\ P_{12} & P_{22}\end{bmatrix}$$

$$\begin{bmatrix}0 & 2\\ 1 & -1\end{bmatrix}\begin{bmatrix}P_{11} & P_{12}\\ P_{12} & P_{22}\end{bmatrix}+\begin{bmatrix}P_{11} & P_{12}\\ P_{12} & P_{22}\end{bmatrix}\begin{bmatrix}0 & 1\\ 2 & -1\end{bmatrix}=\begin{bmatrix}-1 & 0\\ 0 & -1\end{bmatrix}$$

解得

$$P=\begin{vmatrix}P_{11} & P_{12}\\ P_{12} & P_{22}\end{vmatrix}=\begin{bmatrix}-\frac{3}{4} & -\frac{1}{4}\\ -\frac{1}{4} & \frac{1}{4}\end{bmatrix}$$

由于

$$P_{11}=-\frac{3}{4}<0,\ \det b\,\boldsymbol{P}=-\frac{1}{4}<0$$

由塞尔维亚斯特(Sylvester)准则知，$\boldsymbol{P}$ 不是正定的，判定系统不是渐近稳定的。

例 5-10　判断如下系统稳定性：

$$\dot{\boldsymbol{x}}=\begin{bmatrix}a_{11} & a_{12}\\ a_{21} & a_{22}\end{bmatrix}\boldsymbol{x}$$

解 令

$$A^{T}P+PA=-Q=-I$$

可得

$$\left.\begin{array}{l}a_{11}+a_{22}<0\\ \det A>0\end{array}\right\}$$

满足上式后，$\boldsymbol{P}$ 为正定的，可判定系统是渐近稳定的。

例 5-11 试用李雅普诺夫方程确定图 5-7 所示系统渐近稳定的 k 值范围。

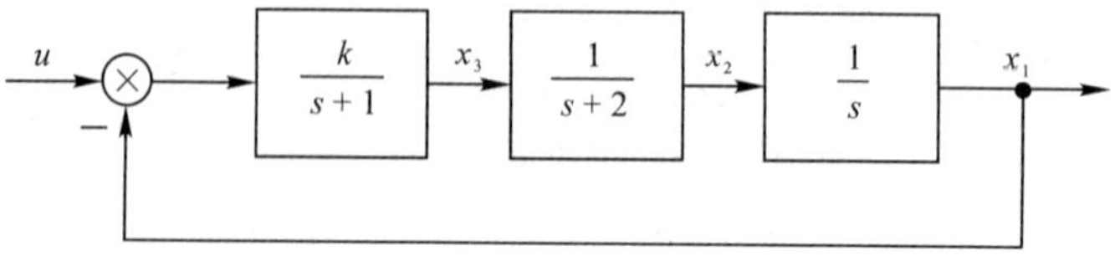

图 5-7 系统结构图

解 由图示状态变量可列写出状态方程：

$$\dot{\boldsymbol{x}}=\begin{bmatrix}0&1&0\\0&-2&1\\-k&0&-1\end{bmatrix}\boldsymbol{x}+\begin{bmatrix}0\\0\\k\end{bmatrix}u$$

由于 $\det \boldsymbol{A}=-k\neq0$，故 $\boldsymbol{A}$ 非奇异，原点为唯一的平衡状态。假定 $\boldsymbol{Q}$ 为正半定矩阵：

$$\boldsymbol{Q}=\begin{bmatrix}0&0&0\\0&0&0\\0&0&1\end{bmatrix}$$

则 $\dot{V}(\boldsymbol{x})=-\boldsymbol{x}^{T}\boldsymbol{Q}\boldsymbol{x}=-x_3^2$ 为负半定的，令 $\boldsymbol{A}^{T}\boldsymbol{P}+\boldsymbol{P}\boldsymbol{A}=-\boldsymbol{Q}$ 有

$$\begin{bmatrix}0&0&-k\\1&-2&0\\0&1&-1\end{bmatrix}\begin{bmatrix}p_{11}&p_{12}&p_{13}\\p_{12}&p_{22}&p_{23}\\p_{13}&p_{23}&p_{33}\end{bmatrix}+\begin{bmatrix}p_{11}&p_{12}&p_{13}\\p_{12}&p_{22}&p_{23}\\p_{13}&p_{23}&p_{33}\end{bmatrix}\begin{bmatrix}0&1&0\\0&-2&1\\-k&0&-1\end{bmatrix}=\begin{bmatrix}0&0&0\\0&0&0\\0&0&1\end{bmatrix}$$

解得

$$\boldsymbol{P}=\begin{bmatrix}\frac{k^2+12k}{12-2k}&\frac{6k}{12-2k}&0\\\frac{6k}{12-2k}&\frac{3k}{12-2k}&\frac{k}{12-2k}\\0&\frac{k}{12-2k}&\frac{6}{12-2k}\end{bmatrix}$$

使 $\boldsymbol{P}$ 正定即系统渐近稳定的充分必要条件是

$$0<k<6$$

习 题 5

5-1 简述李雅普诺夫意义下的稳定性概念，并将其与工程意义下的稳定性进行对比。

5-2 解释渐近稳定和不稳定的概念。

5-3 简述李雅普诺夫函数特点及构造方法以及其与系统稳定性之间的关系。

5-4　李雅普诺夫第二方法(直接法)的主要定理有哪些?

5-5　李雅普诺夫稳定性判别方法只适用于线性定常系统吗?

5-6　什么情况下李雅普诺夫函数的导数可以取为半负定的?为什么?

5-7　简述线性系统的运动稳定性判别定理。

5-8　判断下列函数的符号特性。

(1) $V(\boldsymbol{x})=2x_1^2+3x_2^2+x_3^2-2x_1x_2+2x_1x_3$

(2) $V(\boldsymbol{x})=8x_1^2+2x_2^2+x_3^2-8x_1x_2+2x_1x_3-2x_2x_3$

(3) $V(\boldsymbol{x})=x_1^2+x_3^2-2x_1x_2+x_2x_3$

5-9　用李雅普诺夫第一方法判定下列系统在平衡状态的稳定性。

$$\dot{x}_1=-x_1+x_2+x_1(x_1^2+x_2^2)$$

$$\dot{x}_2=-x_1-x_2+x_2(x_1^2+x_2^2)$$

5-10　试用李雅普诺夫第一法判断下列系统在平衡状态的稳定性。

(1) $\dot{\boldsymbol{x}}=\begin{bmatrix}-1 & 1\\ 2 & -3\end{bmatrix}\boldsymbol{x}$

(2) $\dot{\boldsymbol{x}}=\begin{bmatrix}-1 & 1\\ -1 & -1\end{bmatrix}\boldsymbol{x}$

5-11　试用李雅普诺夫第二法判断下列线性系统在平衡状态的稳定性。

$$\dot{x}_1=-x_1+x_2$$

$$\dot{x}_2=2x_1-3x_2$$

5-12　试用李雅普诺夫第二法判断下列系统在平衡状态的稳定性。

(1) $\dot{\boldsymbol{x}}=\begin{bmatrix}-1 & 1\\ 2 & -3\end{bmatrix}\boldsymbol{x}$

(2) $\dot{\boldsymbol{x}}=\begin{bmatrix}-1 & 1\\ -1 & -1\end{bmatrix}\boldsymbol{x}$

5-13　给定连续时间的定常系统如下:

$$\dot{x}_1=x_2$$

$$\dot{x}_2=-x_1-(1+x_2)2x_2$$

试用李雅普诺夫第二方法判断其在平衡状态的稳定性。

5-14　系统结构图如图5-8所示。试建立系统的状态空间表达式,并用李雅普诺夫第二法分析系统的稳定性。

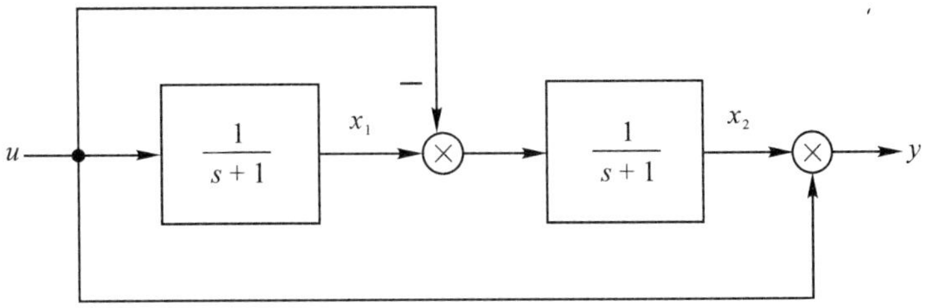

图5-8　系统结构图

5-15　线性定常系统的状态方程为

$$\dot{\boldsymbol{x}}=\begin{bmatrix}-1 & 3\\ 2 & -4\end{bmatrix}\boldsymbol{x}$$

试求出系统的平衡状态，并用李雅普诺夫第二法判断系统的稳定性。

5-16　试用李雅普诺夫方法确定如下系统渐近稳定的 k 值范围。

$$\dot{\boldsymbol{x}}=\begin{bmatrix}0 & 1 & 0\\ 0 & -2 & 1\\ -k & 0 & -1\end{bmatrix}\boldsymbol{x}+\begin{bmatrix}0\\ 0\\ k\end{bmatrix}u$$

5-17　试用李雅普诺夫方法求系统：

$$\dot{\boldsymbol{x}}=\begin{bmatrix}a_{11} & a_{12}\\ a_{21} & a_{22}\end{bmatrix}\boldsymbol{x}$$

在平衡状态 $\boldsymbol{x}=\boldsymbol{0}$ 为大范围渐近稳定的条件。

第六章　线性定常系统的综合

本章主要介绍系统的设计方法，包括状态反馈与输出反馈的概念、状态反馈系统的极点配置方法、线性系统的镇定问题、状态观测器的设计、带状态观测器的状态反馈系统以及解耦控制等内容。

第一节　状态反馈与输出反馈

经典控制中常使用输出反馈来改变系统的极点，从而改善系统的性能，达到设计系统的目的。现代控制中引入状态空间后，可以将系统的状态信息反馈到输入端以改变系统的极点配置。系统的状态包含系统的全部信息，因此在系统的综合中，状态反馈比输出反馈更具有优势。

一、状态反馈

定义 6－1　受控系统$\{\boldsymbol{A}, \boldsymbol{B}, \boldsymbol{C}, \boldsymbol{D}\}$：

$$\left.\begin{aligned}\dot{\boldsymbol{x}} &= \boldsymbol{A}\boldsymbol{x}+\boldsymbol{B}\boldsymbol{u} \\ \boldsymbol{y} &= \boldsymbol{C}\boldsymbol{x}+\boldsymbol{D}\boldsymbol{u}\end{aligned}\right\} \tag{6-1}$$

的控制输入为

$$\boldsymbol{u}=\boldsymbol{v}-\boldsymbol{K}\boldsymbol{x} \tag{6-2}$$

其中，状态反馈增益矩阵 $\boldsymbol{K}$ 为

$$\boldsymbol{K}=\begin{bmatrix} k_{11} & k_{12} & \cdots & k_{1n} \\ k_{21} & k_{22} & \cdots & k_{2n} \\ \vdots & \vdots & & \vdots \\ k_{r1} & k_{r2} & \cdots & k_{rn} \end{bmatrix}$$

将式(6－2)代入式(6－1)得

$$\left.\begin{aligned}\dot{\boldsymbol{x}} &= \boldsymbol{A}\boldsymbol{x}+\boldsymbol{B}\boldsymbol{u}=\boldsymbol{A}\boldsymbol{x}+\boldsymbol{B}\boldsymbol{v}-\boldsymbol{B}\boldsymbol{K}\boldsymbol{x}=(\boldsymbol{A}-\boldsymbol{B}\boldsymbol{K})\boldsymbol{x}+\boldsymbol{B}\boldsymbol{v} \\ \boldsymbol{y} &= \boldsymbol{C}\boldsymbol{x}+\boldsymbol{D}\boldsymbol{v}-\boldsymbol{D}\boldsymbol{K}\boldsymbol{x}=(\boldsymbol{C}-\boldsymbol{D}\boldsymbol{K})\boldsymbol{x}+\boldsymbol{D}\boldsymbol{v}\end{aligned}\right\}$$

引入状态反馈后，闭环系统为$\{\boldsymbol{A}-\boldsymbol{B}\boldsymbol{K}, \boldsymbol{B}, \boldsymbol{C}-\boldsymbol{D}\boldsymbol{K}, \boldsymbol{D}\}$，模拟结构图如图 6－1 所示。

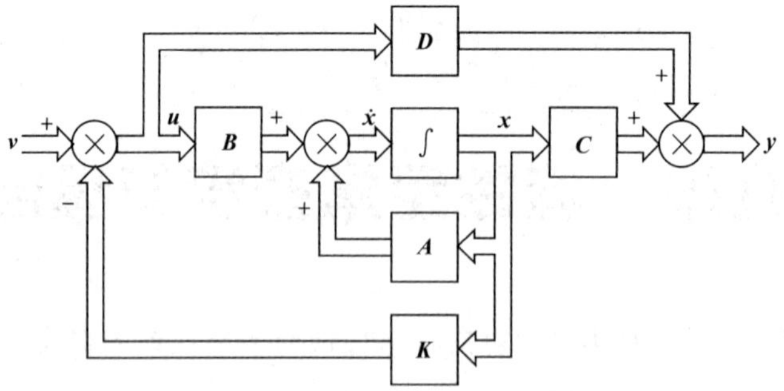

图 6-1 状态反馈闭环系统

当 $\boldsymbol{D}=\mathbf{0}$ 时，闭环系统为$\{\boldsymbol{A}-\boldsymbol{BK}, \boldsymbol{B}, \boldsymbol{C}\}$，模拟结构图如图 6-2 所示。

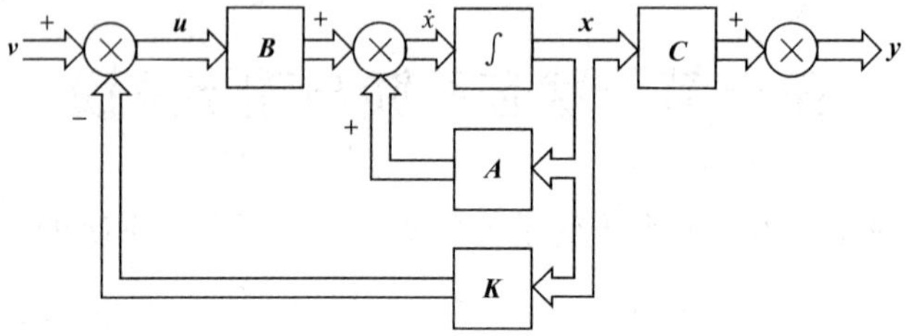

图 6-2 $\boldsymbol{D}=\mathbf{0}$ 时的状态反馈闭环系统

二、输出反馈

定义 6-2 为简单起见，考虑受控系统$\{\boldsymbol{A}, \boldsymbol{B}, \boldsymbol{C}\}$：

$$\left.\begin{aligned}\dot{\boldsymbol{x}}&=\boldsymbol{Ax}+\boldsymbol{Bu}\\ \boldsymbol{y}&=\boldsymbol{Cx}\end{aligned}\right\}\tag{6-3}$$

的控制输入为

$$\boldsymbol{u}=\boldsymbol{v}-\boldsymbol{Hy}\tag{6-4}$$

其中，输出反馈增益矩阵 $\boldsymbol{H}$ 为

$$\boldsymbol{H}=\begin{bmatrix}h_{11} & h_{12} & \cdots & h_{1m}\\ h_{21} & h_{22} & \cdots & h_{2m}\\ \vdots & \vdots & & \vdots\\ h_{r1} & h_{r2} & \cdots & h_{rm}\end{bmatrix}$$

将式(6-4)代入式(6-3)得

$$\left.\begin{aligned}\dot{\boldsymbol{x}}&=\boldsymbol{Ax}+\boldsymbol{Bu}=\boldsymbol{Ax}+\boldsymbol{Bv}-\boldsymbol{BHy}=\boldsymbol{Ax}+\boldsymbol{Bv}-\boldsymbol{BHCx}=(\boldsymbol{A}-\boldsymbol{BHC})\boldsymbol{x}+\boldsymbol{Bv}\\ \boldsymbol{y}&=\boldsymbol{Cx}\end{aligned}\right\}$$

引入状态反馈后，闭环系统为$\{\boldsymbol{A}-\boldsymbol{BHC}, \boldsymbol{B}, \boldsymbol{C}\}$，其模拟结构图如图 6-3 所示。

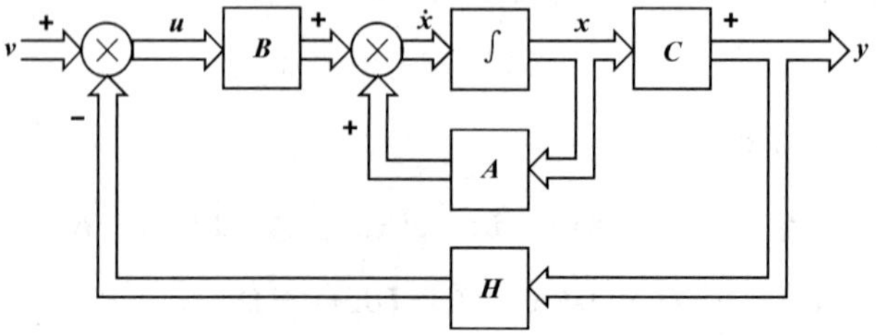

图 6-3 输出反馈闭环系统

第二节　状态反馈系统的极点配置

一、极点可配置条件

为简单起见，分析单输入单输出系统。

定理 6-1　如果动力学系统$\{\boldsymbol{A},\ \boldsymbol{b},\ \boldsymbol{c}\}$：

$$\left.\begin{aligned}\dot{\boldsymbol{x}}&=\boldsymbol{A}\boldsymbol{x}+\boldsymbol{b}u\\ y&=\boldsymbol{c}\boldsymbol{x}\end{aligned}\right\}$$

是完全能控的，则采用状态反馈可以使闭环系统：

$$\dot{\boldsymbol{x}}=(\boldsymbol{A}-\boldsymbol{b}\boldsymbol{k})\boldsymbol{x}+\boldsymbol{b}\boldsymbol{v}$$

的极点得到任意配置。

二、极点配置方法

1. 求带状态反馈的闭环系统特征多项式

设状态反馈增益矩阵为

$$\boldsymbol{k}=[k_1\quad k_2\quad \cdots\quad k_n]$$

带状态反馈的闭环系统为

$$\dot{\boldsymbol{x}}=(\boldsymbol{A}-\boldsymbol{b}\boldsymbol{k})\boldsymbol{x}+\boldsymbol{b}\boldsymbol{v}$$

则闭环系统的特征多项式为

$$f(s)=\det[s\boldsymbol{I}-(\boldsymbol{A}-\boldsymbol{b}\boldsymbol{k})]$$

2. 求闭环系统期望的特征多项式

设系统希望极点为λ_1，λ_2，…，λ_n，则闭环系统期望的特征多项式为

$$\begin{aligned}f^*(s)&=(s-\lambda_1)(s-\lambda_2)\cdots(s-\lambda_n)\\ &=s^n+(\lambda_1+\lambda_2+\cdots\lambda_n)s^{n-1}+\cdots+(-1)^n\lambda_1\lambda_2\cdots\lambda_n\\ &=s^n+a_{n-1}^*s^{n-1}+\cdots+a_1^*s+a_0^*\end{aligned}$$

3. 使闭环系统的极点取期望值

令

$$f(s)=f^*(s)$$

等式两边对应的同次幂系数相等即可解得 $\boldsymbol{k}$。

例 6-1　已知某天线随动系统简化后的传递函数为

$$G(s)=\frac{10}{s(s+1)(s+2)}$$

试设计状态反馈增益矩阵 $\boldsymbol{k}$，使闭环系统的极点为-2，$-1\pm\mathrm{j}$。

解法 1　采用串联分解方法建立系统状态空间表达式：

$$\begin{bmatrix}\dot{x}_1\\ \dot{x}_2\\ \dot{x}_3\end{bmatrix}=\begin{bmatrix}0&1&0\\ 0&-1&1\\ 0&0&-2\end{bmatrix}\begin{bmatrix}x_1\\ x_2\\ x_3\end{bmatrix}+\begin{bmatrix}0\\ 0\\ 1\end{bmatrix}u,\ y=[10\quad 0\quad 0]\begin{bmatrix}x_1\\ x_2\\ x_3\end{bmatrix}$$

先求带状态反馈的闭环系统特征多项式：

$$f(s)=\det[s\boldsymbol{I}-(\boldsymbol{A}-\boldsymbol{bk})]$$

$$=\det\left[\begin{bmatrix} s & -1 & 0 \\ 0 & s+1 & -1 \\ 0 & 0 & s+2 \end{bmatrix}+\begin{bmatrix} 0 & 0 & 0 \\ 0 & 0 & 0 \\ k_1 & k_2 & k_3 \end{bmatrix}\right]$$

$$=\begin{vmatrix} s & -1 & 0 \\ 0 & s+1 & -1 \\ k_1 & k_2 & s+2+k_3 \end{vmatrix}$$

$$=s^3+(3+k_3)s^2+(2+k_2+k_3)s+k_1$$

再求闭环系统期望特征值多项式：

$$f^*(s)=(s+2)(s+1-\mathrm{j})(s+1+\mathrm{j})=s^3+4s^2+6s+4$$

比较 $f(s)=f^*(s)$ 对应项（系数相等），有

$$k_1=4,\ k_2=3,\ k_3=1$$

最后得状态反馈增益矩阵为

$$\boldsymbol{k}=[4 \quad 3 \quad 1]$$

串联分解的系统模拟结构图如图 6-4 所示。

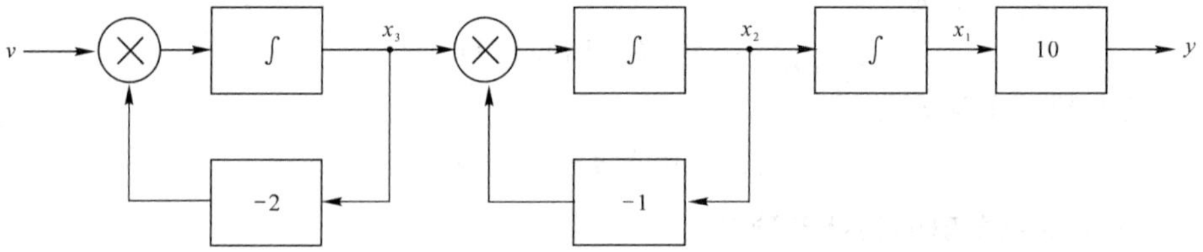

图 6-4 串联分解的系统模拟结构图

串联分解状态反馈闭环系统的传递函数为

$$G_k(s)=\frac{10}{(s+2)(s+1-\mathrm{j})(s+1+\mathrm{j})}=\frac{10}{s^3+4s^2+6s+4}$$

串联分解状态反馈闭环系统的模拟结构图如图 6-5 所示。

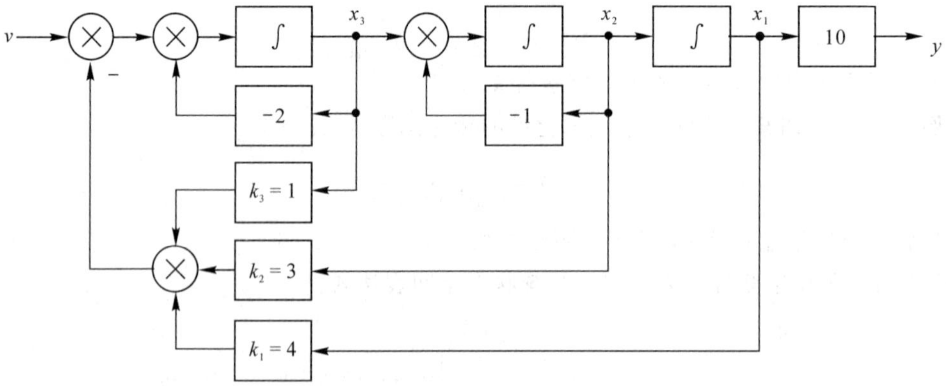

图 6-5 串联分解状态反馈闭环系统模拟结构图

解法 2　按传递函数和能控标准型直接对应关系建立系统状态空间表达式：

$$\begin{bmatrix}\dot{x}_1\\ \dot{x}_2\\ \dot{x}_3\end{bmatrix}=\begin{bmatrix}0 & 1 & 0\\ 0 & 0 & 1\\ 0 & -2 & -3\end{bmatrix}\begin{bmatrix}x_1\\ x_2\\ x_3\end{bmatrix}+\begin{bmatrix}0\\ 0\\ 1\end{bmatrix}u,\ y=\begin{bmatrix}10 & 0 & 0\end{bmatrix}\begin{bmatrix}x_1\\ x_2\\ x_3\end{bmatrix}$$

先求带状态反馈的闭环系统特征多项式：

$$f(s)=\det[s\boldsymbol{I}-(\boldsymbol{A}-\boldsymbol{bk})]$$

$$=\det\left[\begin{bmatrix}s & -1 & 0\\ 0 & s & -1\\ 0 & 2 & s+3\end{bmatrix}+\begin{bmatrix}0 & 0 & 0\\ 0 & 0 & 0\\ k_1 & k_2 & k_3\end{bmatrix}\right]=\begin{vmatrix}s & -1 & 0\\ 0 & s & -1\\ k_1 & 2+k_2 & s+3+k_3\end{vmatrix}$$

$$=s^3+(k_3+3)s^2+(2+k_2)s+k_1$$

再求闭环系统期望特征值多项式：

$$f^*(s)=(s+2)(s+1-\mathrm{j})(s+1+\mathrm{j})=s^3+4s^2+6s+4$$

比较 $f(s)=f^*(s)$ 对应项（系数相等），有

$$k_1=4,\ k_2=4,\ k_3=1$$

最后得状态反馈增益矩阵为

$$\boldsymbol{k}=[4\quad 4\quad 1]$$

按能控标准型建立的系统模拟结构图如图 6－6 所示。

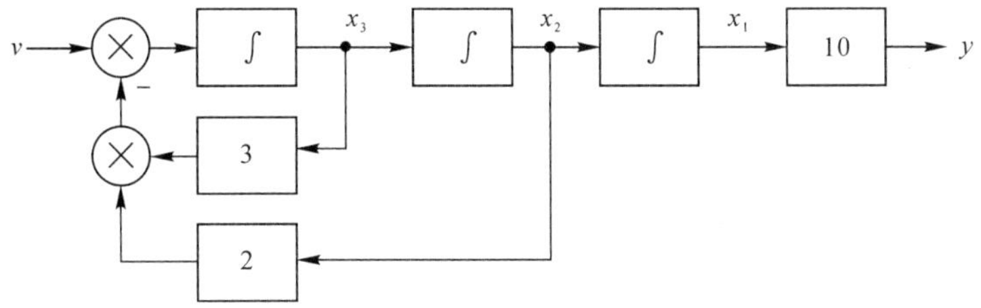

图 6－6　能控标准型系统的模拟结构图

能控标准型状态反馈闭环系统的模拟结构图如图 6－7 所示。

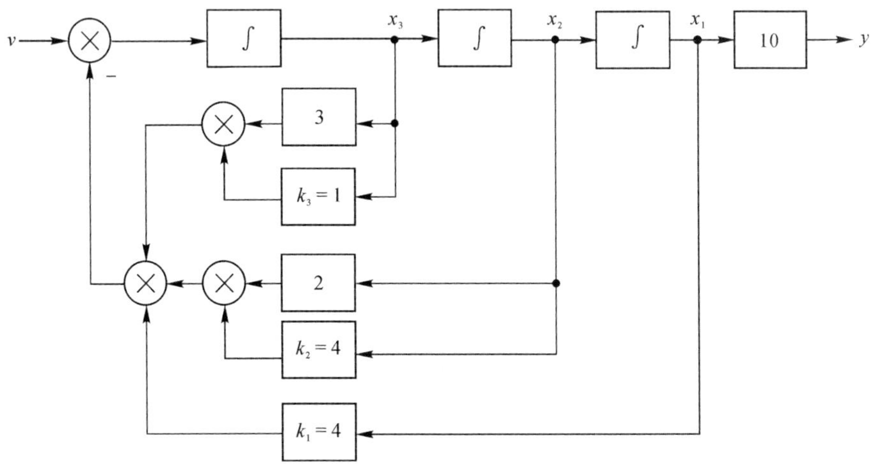

图 6－7　能控标准型状态反馈闭环系统模拟结构图

通过本例可以看出，同一个系统在选取不同的状态变量建立状态空间表达式时，其状态反馈增益矩阵是不相同的，但构成的状态反馈闭环系统极点是一样的，即均可配置到所期望的极点上。

三、状态反馈对系统性能的影响

定理 6-2 若线性定常系统{$\boldsymbol{A}$，$\boldsymbol{B}$，$\boldsymbol{C}$}是能控的，则由状态反馈构成的闭环系统{$\boldsymbol{A}+\boldsymbol{Bk}$，$\boldsymbol{B}$，$\boldsymbol{C}$}也是能控的。

定理 6-3 对完全能控 n 维单输入单输出连续线性定常系统{$\boldsymbol{A}$，$\boldsymbol{b}$，$\boldsymbol{c}$}来说，引入状态反馈任意配置全部 n 个极点的同时，不直接影响系统传递函数的零点。

定理 6-3 的推导过程如下。

系统{$\boldsymbol{A}$，$\boldsymbol{b}$，$\boldsymbol{c}$}对应的传递函数为

$$G(s)=\boldsymbol{c}(s\boldsymbol{I}-\boldsymbol{A})^{-1}\boldsymbol{b}=\frac{\beta_{n-1}s^{n-1}+\cdots+\beta_1 s+\beta_0}{s^n+a_{n-1}s^{n-1}+\cdots+a_1 s+a_0}$$

化成能控标准型有{$\bar{\boldsymbol{A}}$，$\bar{\boldsymbol{b}}$，$\bar{\boldsymbol{c}}$}有

$$\bar{\boldsymbol{A}}=\begin{bmatrix}0 & 1 & \cdots & 0\\ \vdots & \vdots & & \vdots\\ 0 & 0 & \cdots & 1\\ -a_0^* & -a_1^* & \cdots & -a_{n-1}^*\end{bmatrix},\ \bar{\boldsymbol{b}}=\begin{bmatrix}0\\ \vdots\\ 0\\ 1\end{bmatrix},\ \bar{\boldsymbol{c}}=[\beta_0\quad \beta_1\quad \cdots\quad \beta_{n-1}]$$

对应的传递函数与原系统相同，可表示为

$$G(s)=\bar{\boldsymbol{c}}(s\boldsymbol{I}-\bar{\boldsymbol{A}})^{-1}\bar{\boldsymbol{b}}=\frac{\beta_{n-1}s^{n-1}+\cdots+\beta_1 s+\beta_0}{s^n+a_{n-1}s^{n-1}+\cdots+a_1 s+a_0}$$

假设任给一组期望闭环极点，其相应特征多项式为

$$f^*(s)=s^n+a_{n-1}^*s^{n-1}+\cdots+a_1^* s+a_0^*$$

极点配置后的闭环系统{$\bar{\boldsymbol{A}}-\bar{\boldsymbol{b}}\bar{\boldsymbol{k}}$，$\bar{\boldsymbol{b}}$，$\bar{\boldsymbol{c}}$}为

$$\bar{\boldsymbol{A}}-\bar{\boldsymbol{b}}\bar{\boldsymbol{k}}=\begin{bmatrix}0 & 1 & \cdots & 0\\ \vdots & \vdots & & \vdots\\ 0 & 0 & \cdots & 1\\ -a_0^* & -a_1^* & \cdots & -a_{n-1}^*\end{bmatrix},\ \bar{\boldsymbol{b}}=\begin{bmatrix}0\\ \vdots\\ 0\\ 1\end{bmatrix},\ \bar{\boldsymbol{c}}=[\beta_0\quad \beta_1\quad \cdots\quad \beta_{n-1}]$$

极点配置后的系统传递函数为

$$G_{\bar{k}}(s)=\bar{\boldsymbol{c}}[s\boldsymbol{I}-(\bar{\boldsymbol{A}}-\bar{\boldsymbol{b}}\bar{\boldsymbol{k}})^{-1}]\bar{\boldsymbol{b}}=\frac{\beta_{n-1}s^{n-1}+\cdots+\beta_1 s+\beta_0}{s^n+a_{n-1}^*s^{n-1}+\cdots+a_1^* s+a_0^*}$$

对比发现，$G_k(s)$和 $G(s)$具有相同的零点，即状态反馈只改变系统的极点，不直接影响传递函数的零点。

状态反馈虽然保持了系统的能控性，但却可能破坏其能观测性。这是因为状态反馈使系统极点得到重新配置，传递函数的分母多项式发生改变，出现了新的极点，这样就可能出现零点、极点对消现象，相应的实现就不是完全能控且能观测的。由上述结论可知状态反馈不改变系统的能控性，因此状态反馈可能会破坏系统的能观测性。

例 6-2 若系统的传递函数为

$$G(s)=\frac{(s+1)(s+2)}{(s-1)(s-2)(s+3)}$$

试求闭环传递函数为

$$G_k(s)=\frac{(s+1)}{(s+2)(s+3)}$$

的状态反馈增益矩阵 $\boldsymbol{k}$。

解 原系统的传递函数为

$$G(s)=\frac{(s+1)(s+2)}{(s-1)(s-2)(s+3)}=\frac{s^2+3s+2}{s^3-7s+6}$$

系统不变量为

$$a_2=0,\quad a_1=-7,\quad a_0=6$$

建立的系统能控标准型为

$$\begin{bmatrix}\dot{x}_1\\ \dot{x}_2\\ \dot{x}_3\end{bmatrix}=\begin{bmatrix}0 & 1 & 0\\ 0 & 0 & 1\\ -6 & 7 & 0\end{bmatrix}\begin{bmatrix}x_1\\ x_2\\ x_3\end{bmatrix}+\begin{bmatrix}0\\ 0\\ 1\end{bmatrix}u,\ y=[2\quad 3\quad 1]\begin{bmatrix}x_1\\ x_2\\ x_3\end{bmatrix}$$

设状态反馈增益矩阵为

$$\boldsymbol{k}=[k_1\quad k_2\quad k_3]$$

先求带状态反馈的闭环系统特征多项式：

$$\begin{aligned}f(s)&=\det[s\boldsymbol{I}-(\boldsymbol{A}-\boldsymbol{bk})]\\ &=\det\left[\begin{bmatrix}s & -1 & 0\\ 0 & s & -1\\ 6 & -7 & s\end{bmatrix}+\begin{bmatrix}0 & 0 & 0\\ 0 & 0 & 0\\ k_1 & k_2 & k_3\end{bmatrix}\right]\\ &=\begin{vmatrix}s & -1 & 0\\ 0 & s & -1\\ k_1+6 & k_2-7 & s+k_3\end{vmatrix}\\ &=s^3+k_3s^2+(k_2-7)s+(k_1+6)\end{aligned}$$

再求闭环系统期望特征值多项式。根据状态反馈不直接改变系统的零点特性，实际状态反馈闭环系统的传递函数应为

$$G_k(s)=\frac{(s+1)}{(s+2)(s+3)}\cdot\frac{(s+2)}{(s+2)}=\frac{(s+1)(s+2)}{(s+2)^2(s+3)}=\frac{s^2+3s+2}{s^3+7s^2+16s+12}$$

期望闭环系统特征多项式为

$$f^*(s)=(s+2)(s+2)(s+3)=s^3+7s^2+16s+12$$

令 $f^*(s)=f(s)$，比较得

$$k_1=6,\quad k_2=23,\quad k_3=7$$

故有

$$\boldsymbol{k}=[6\quad 23\quad 7]$$

闭环系统的能控标准型模拟结构图如图 6－8 所示。

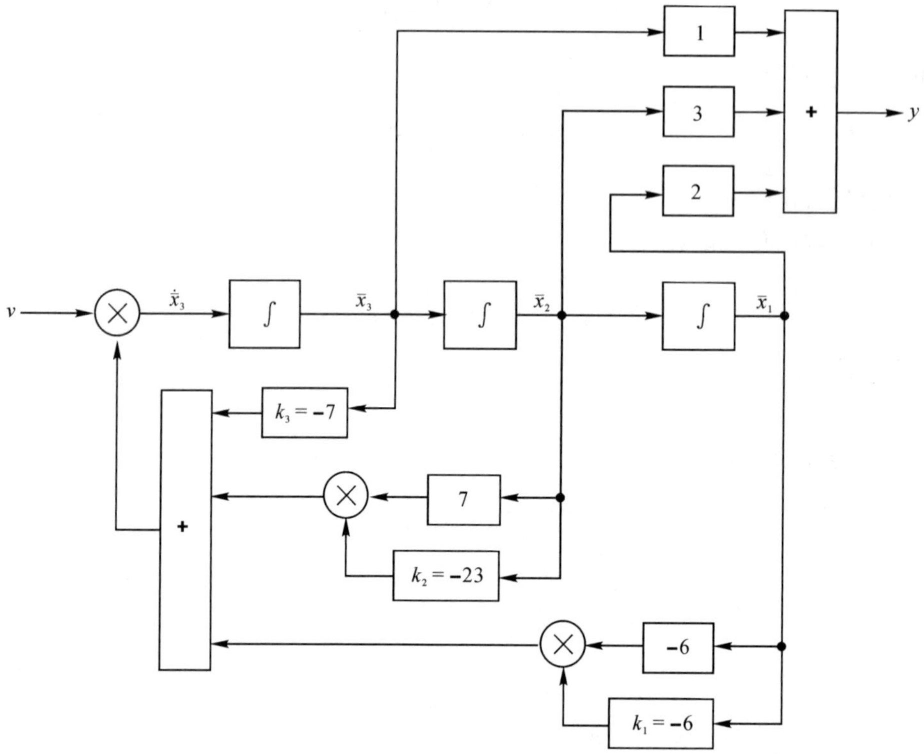

图 6－8 闭环系统的能控标准型模拟结构图

简化后的闭环系统三维能控标准型模拟结构图如图 6－9 所示。

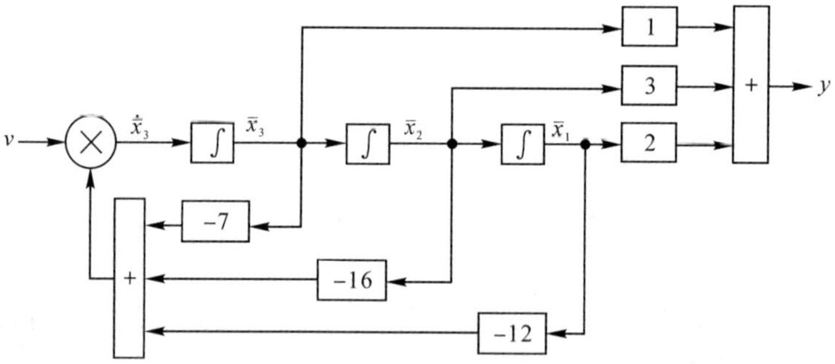

图 6－9 闭环系统三维能控标准型模拟结构图

本例中，利用状态反馈配置的期望极点($s=-2$)为 2 重极点，其中 1 个与反馈前系统零点($s=-2$)对消，改变了系统的能观性，原 3 阶系统降为 2 阶闭环系统，对应的传递函 数为

$$G_k(s)=\frac{(s+1)}{(s+2)(s+3)}=\frac{s+1}{s^2+3s+2}$$

闭环系统的能观测标准型状态空间表达式为

$$\dot{\tilde{\boldsymbol{x}}}=\begin{bmatrix}0 & -2\\1 & -3\end{bmatrix}\tilde{\boldsymbol{x}}+\begin{bmatrix}1\\1\end{bmatrix}u,\quad y=[0\quad 1]\tilde{\boldsymbol{x}}$$

闭环系统的能观测标准型模拟结构图如图 6－10 所示。

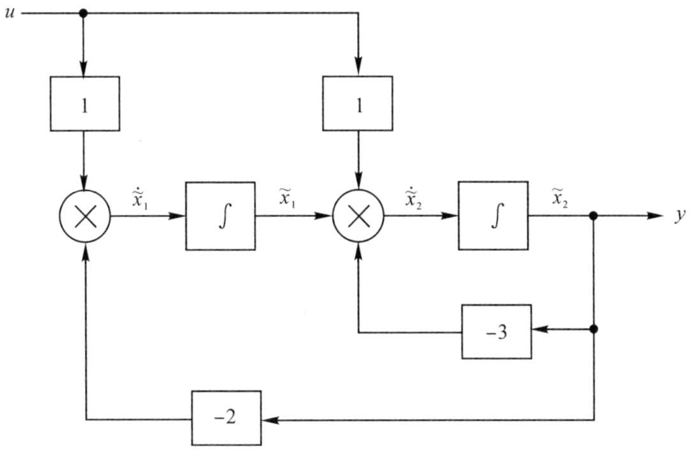

图 6-10　闭环系统的能观测标准型模拟结构图

四、线性系统的镇定问题

1. 系统镇定的概念和条件

定义 6-3　对于线性定常系统$\{\boldsymbol{A}, \boldsymbol{B}, \boldsymbol{C}\}$，如果存在状态反馈增益矩阵 $\boldsymbol{k}$，使闭环系统是渐近稳定的，则称此系统是状态能镇定的。

定理 6-4　线性定常系统$\{\boldsymbol{A}, \boldsymbol{B}, \boldsymbol{C}\}$是状态能镇定的，其充分必要条件是其不能控子系统是渐近稳定的。

2. 镇定与能控性的关系

如果系统$\{\boldsymbol{A}, \boldsymbol{B}, \boldsymbol{C}\}$是完全能控的，则必然是能镇定的，但一个能镇定的系统却未必是完全能控的。

第三节　状态观测器设计

在系统综合时，希望状态反馈是可以直接使用的。但系统中的某些状态是不可直接使用的，这时可以构造一个状态观测器，对系统的状态进行估计并代替系统中不可使用的状态，这样就可使用全状态反馈实现系统的综合。

一、状态观测器概念

考虑如图 6-11 所示的单输入单输出系统$\{\boldsymbol{A}, \boldsymbol{b}, \boldsymbol{c}\}$，设其状态是不能直接反馈使用的，则可以构造一个状态观测器来估计系统的状态。

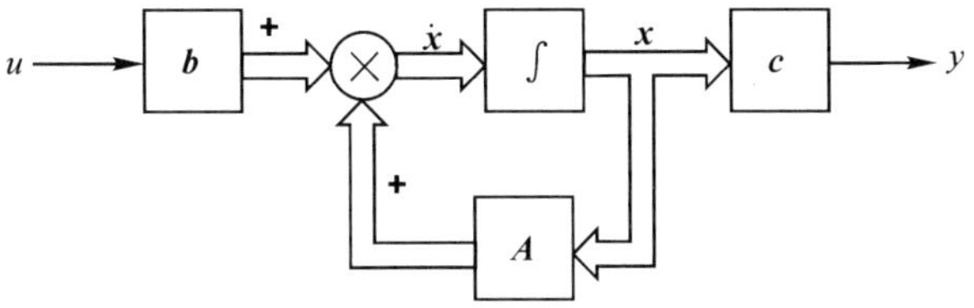

图 6-11　单输入单输出系统模拟结构图

1. 开环状态观测器

开环状态观测器的结构图如图 6－12 所示。

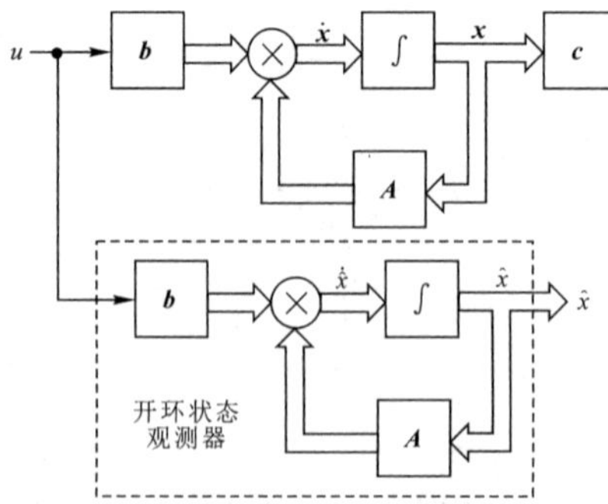

图 6－12 开环状态观测器结构图

图 6－12 中，虚线框内为状态观测器，$\hat{\boldsymbol{x}}$为状态观测器输出对状态 $\boldsymbol{x}$ 的估计值。显然，当系统和观测器上的干扰及初始状态不同时，上述开环状态观测器得到的估计值与原状态之间的差别较大。

2. 渐近状态观测器

将开环状态观测器加以改进，引入输出信号，可得结构形式如图 6－13 所示的渐近状态观测器。

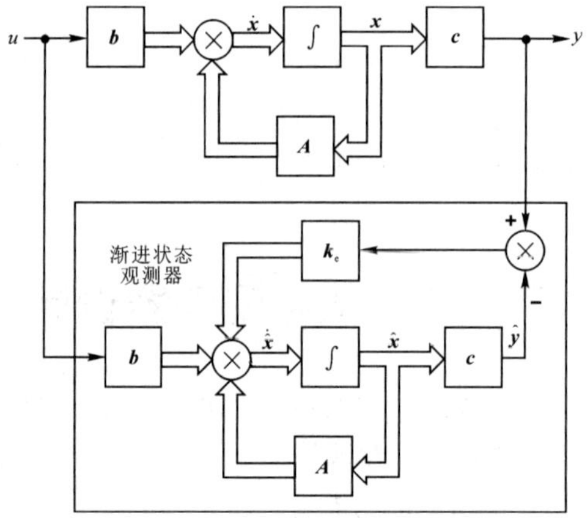

图 6－13 渐近状态观测器结构图

渐近状态观测器利用系统输出 y 和观测器输出 $\hat{y}$之差，经过输出误差反馈矩阵 $\boldsymbol{k}_e$ 后反馈到状态观测器的输入端，从而形成闭环，消除干扰及初始状态对状态估计值 $\hat{\boldsymbol{x}}$的影响。

渐近状态观测器的状态空间表达式为

$$\dot{\hat{\boldsymbol{x}}}=\boldsymbol{A}\hat{\boldsymbol{x}}+\boldsymbol{k}_e[y-\hat{y}]+\boldsymbol{b}u$$

其中，渐近状态观测器的输出误差反馈矩阵为

$$\boldsymbol{k}_e=\begin{bmatrix}k_{e1}\\k_{e2}\\\vdots\\k_{en}\end{bmatrix}$$

代入渐近状态观测器的输出方程整理得

$$\begin{aligned}\dot{\hat{\boldsymbol{x}}} &= \boldsymbol{A}\hat{\boldsymbol{x}} + \boldsymbol{k}_e[y - \hat{y}] + \boldsymbol{b}u = \boldsymbol{A}\hat{\boldsymbol{x}} + \boldsymbol{k}_e[y - \boldsymbol{c}\hat{\boldsymbol{x}}] + \boldsymbol{b}u \\ &= (\boldsymbol{A} - \boldsymbol{k}_e\boldsymbol{c})\hat{\boldsymbol{x}} + \boldsymbol{k}_e y + \boldsymbol{b}u\end{aligned}$$

变换后的渐近状态观测器结构图如图 6－14 所示。

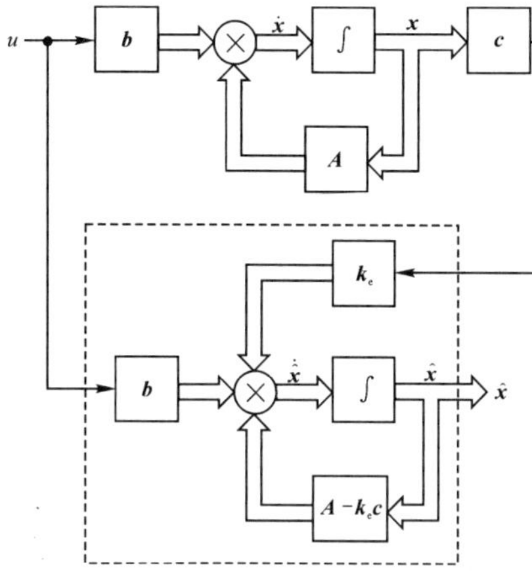

图 6－14　变换后的渐近状态观测器结构图

渐近状态观测器的状态估计值对系统真实状态的逼近程度分析：

$$\begin{aligned}\dot{\boldsymbol{x}} - \dot{\hat{\boldsymbol{x}}} &= \boldsymbol{A}\boldsymbol{x} + \boldsymbol{b}u - (\boldsymbol{A} - \boldsymbol{k}_e\boldsymbol{c})\hat{\boldsymbol{x}} - \boldsymbol{k}_e y - \boldsymbol{b}u = \boldsymbol{A}\boldsymbol{x} - (\boldsymbol{A} - \boldsymbol{k}_e\boldsymbol{c})\hat{\boldsymbol{x}} - \boldsymbol{k}_e\boldsymbol{c}\boldsymbol{x} \\ &= (\boldsymbol{A} - \boldsymbol{k}_e\boldsymbol{c})(\boldsymbol{x} - \hat{\boldsymbol{x}})\end{aligned}$$

令 $\tilde{\boldsymbol{x}} = (\boldsymbol{x} - \hat{\boldsymbol{x}})$ 为估计误差，则有

$$\dot{\tilde{\boldsymbol{x}}} = \dot{\boldsymbol{x}} - \dot{\hat{\boldsymbol{x}}} = (\boldsymbol{A} - \boldsymbol{k}_e\boldsymbol{c})\tilde{\boldsymbol{x}}$$

上式为齐次微分方程，其解为

$$\tilde{\boldsymbol{x}}(t) = \mathrm{e}^{(\boldsymbol{A} - \boldsymbol{k}_e\boldsymbol{c})(t - t_0)}\tilde{\boldsymbol{x}}(t_0) \tag{6－5}$$

由式(6－5)可得以下结论：

(1) 若 $\tilde{\boldsymbol{x}}(t_0) = \boldsymbol{0}$，则 $\tilde{\boldsymbol{x}}(t) = \boldsymbol{0}$，即观测器状态与系统的实际状态相等；

(2) 若 $\tilde{\boldsymbol{x}}(t_0) \neq \boldsymbol{0}$，且 $(\boldsymbol{A} - \boldsymbol{k}_e\boldsymbol{c})$ 有的特征值为左侧根，则 $\tilde{\boldsymbol{x}}(t)$ 将以指数函数渐近地趋近于零，即观测器的状态以指数函数渐近地逼近实际状态；

(3) 逼近的速度取决于 $(\boldsymbol{A} - \boldsymbol{k}_e\boldsymbol{c})$ 的特征值。

二、状态观测器 $\boldsymbol{k}_e$ 的设计

定理 6－5　若线性定常系统是能观测的，则构成的状态观测器的极点是可以任意配置的。

1. $\boldsymbol{k}_e$ 的设计步骤

(1) 求特征多项式：

$$f(s) = \det[s\boldsymbol{I} - (\boldsymbol{A} - \boldsymbol{k}_e\boldsymbol{c})] = s^n + a_{e_n}s^{n-1} + \cdots + a_{e_2}s + a_{e_1}$$

(2) 求期望的特征多项式：

$$f^*(s) = (s - \lambda_1)(s - \lambda_2)\cdots(s - \lambda_n) = s^n + a_{e_n}^*s^{n-1} + \cdots + a_{e_2}^*s + a_{e_1}^*$$

(3) 比较 $f(s) = f^*(s)$ 两边的同次幂系数(相等)，解出：

$$\boldsymbol{k}_e=\begin{bmatrix}k_{e1}\\k_{e2}\\\vdots\\k_{en}\end{bmatrix}$$

例 6-3 系统的传递函数为

$$G(s)=\frac{2}{(s+1)(s+2)}$$

若其状态不能直接用来反馈，试设计一状态观测器($\boldsymbol{A}-\boldsymbol{k}_e\boldsymbol{c}$)，使极点满足 $\lambda_1=\lambda_2=-10$。

解 首先列写系统状态空间表达式：

$$\boldsymbol{A}=\begin{bmatrix}0&1\\-2&-3\end{bmatrix},\quad \boldsymbol{b}=\begin{bmatrix}0\\1\end{bmatrix},\quad \boldsymbol{c}=[2\quad 0]$$

设

$$\boldsymbol{k}_e=\begin{bmatrix}k_{e1}\\k_{e2}\end{bmatrix}$$

则系统特征多项式为

$$f(s)=\det[s\boldsymbol{I}-(\boldsymbol{A}-\boldsymbol{k}_e\boldsymbol{c})]=s^2+(2k_{e1}+3)s+(6k_{e1}+2k_{e2}+2)$$

再计算系统期望的特征多项式：

$$f^*(s)=(s+10)^2=s^2+20s+100$$

最后令 $f(s)=f^*(s)$，即两边同次幂系数相等，得 $k_{e1}=8.5$，$k_{e2}=23.5$，于是有

$$\boldsymbol{k}_e=\begin{bmatrix}8.5\\23.5\end{bmatrix}$$

例 6-4 设单输入单输出系统的状态空间表达式为

$$\dot{\boldsymbol{x}}=\begin{bmatrix}1&0&0\\3&-1&1\\0&2&0\end{bmatrix}\boldsymbol{x}+\begin{bmatrix}2\\1\\1\end{bmatrix}u,\ y=[0\quad 0\quad 1]\boldsymbol{x}$$

若其状态不能直接用来反馈，试设计一状态观测器($\boldsymbol{A}-\boldsymbol{k}_e\boldsymbol{c}$)，使极点配置在$-3$，$-4$，$-5$。

解法 1 首先求系统的特征多项式：

$$\boldsymbol{k}_e=\begin{bmatrix}k_{e1}\\k_{e2}\\k_{e3}\end{bmatrix}$$

$$(\boldsymbol{A}-\boldsymbol{k}_e\boldsymbol{c})=\begin{bmatrix}1&0&0\\3&-1&1\\0&2&0\end{bmatrix}-\begin{bmatrix}k_{e1}\\k_{e2}\\k_{e3}\end{bmatrix}[0\ \ 0\ \ 1]=\begin{bmatrix}1&0&0\\3&-1&1\\0&2&0\end{bmatrix}-\begin{bmatrix}0&0&k_{e1}\\0&0&k_{e2}\\0&0&k_{e3}\end{bmatrix}=\begin{bmatrix}1&0&-k_{e1}\\3&-1&1-k_{e2}\\0&2&-k_{e3}\end{bmatrix}$$

$$s\boldsymbol{I}-(\boldsymbol{A}-\boldsymbol{k}_e\boldsymbol{c})=\begin{bmatrix}s&0&0\\0&s&0\\0&0&s\end{bmatrix}-\begin{bmatrix}1&0&-k_{e1}\\3&-1&1-k_{e2}\\0&2&-k_{e3}\end{bmatrix}=\begin{bmatrix}s-1&0&+k_{e1}\\-3&s+1&-1+k_{e2}\\0&-2&s+k_{e3}\end{bmatrix}$$

$$f(s)=\det[s\boldsymbol{I}-(\boldsymbol{A}-\boldsymbol{k}_e\boldsymbol{c})]=\begin{vmatrix}s-1&0&+k_{e1}\\-3&s+1&-1+k_{e2}\\0&-2&s+k_{e3}\end{vmatrix}$$

$$=s^3+k_{e3}s^2+(-3+2k_{e2})s+(2+6k_{e1}-2k_{e2}-k_{e3})$$

再求系统期望的特征多项式：

$$f^*(s)=(s+3)(s+4)(s+5)=s^3+12s^2+47s+60$$

最后令 $f(s)=f^*(s)$，即两边同次幂系数相等，得 $k_{e1}=20$，$k_{e2}=25$，$k_{e3}=12$，于是有

$$\boldsymbol{k}_e=\begin{bmatrix}20\\25\\12\end{bmatrix}$$

得带状态观测器的系统如图 6-15 所示。

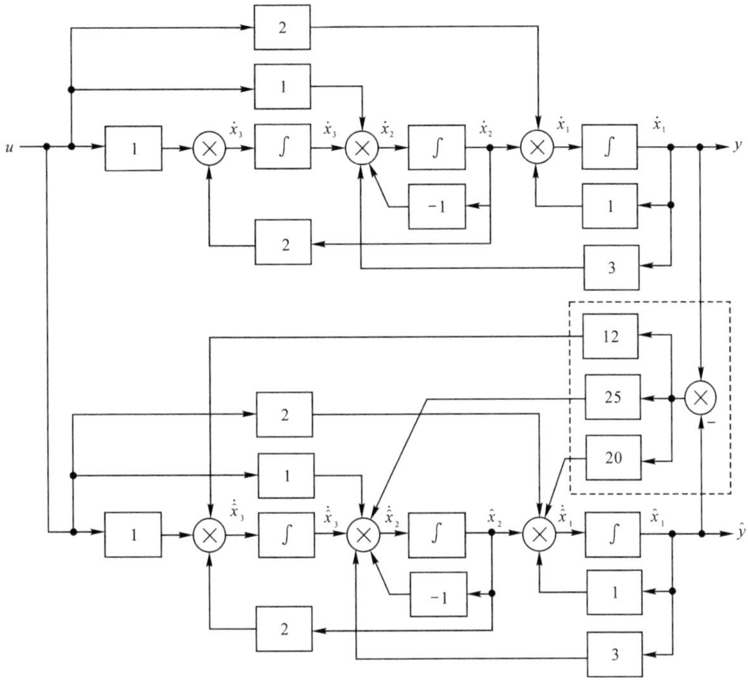

图 6-15　带状态观测器的系统模拟结构图

解法 2　将原状态空间表达式转换成能观测标准型后，再设计状态观测器。系统的传递函数为

$$G(s)=\boldsymbol{c}(s\boldsymbol{I}-\boldsymbol{A})^{-1}\boldsymbol{b}=[0\quad 0\quad 1]\begin{bmatrix}s-1&0&0\\-3&s+1&-1\\0&-2&s\end{bmatrix}^{-1}\begin{bmatrix}2\\1\\1\end{bmatrix}$$

$$=[0\quad 0\quad 1]\frac{1}{s^3-3s+2}\begin{bmatrix}*&*&*\\*&*&*\\6&2(s-1)&s^2-1\end{bmatrix}\begin{bmatrix}2\\1\\1\end{bmatrix}$$

$$=\frac{12+2s-2+s^2-1}{s^3-3s+2}=\frac{s^2+2s+9}{s^3-3s+2}$$

能观测标准型为

$$\left.\begin{aligned}\dot{\boldsymbol{x}}&=\begin{bmatrix}0&0&-2\\1&0&3\\0&1&0\end{bmatrix}\boldsymbol{x}+\begin{bmatrix}9\\2\\1\end{bmatrix}u\\ y&=[0\quad 0\quad 1]\boldsymbol{x}\end{aligned}\right\}$$

设能观测标准型下的输出误差反馈矩阵为

$$\tilde{\boldsymbol{k}}_e=\begin{bmatrix}\tilde{k}_{e1}\\ \tilde{k}_{e2}\\ \tilde{k}_{e3}\end{bmatrix}$$

系统的特征多项式为

$$(\tilde{\boldsymbol{A}}-\tilde{\boldsymbol{k}}_e\tilde{\boldsymbol{c}})=\begin{bmatrix}0&0&-2\\1&0&3\\0&1&0\end{bmatrix}-\begin{bmatrix}\tilde{k}_{e1}\\ \tilde{k}_{e2}\\ \tilde{k}_{e3}\end{bmatrix}[0\quad 0\quad 1]=\begin{bmatrix}0&0&-2\\1&0&3\\0&1&0\end{bmatrix}-\begin{bmatrix}0&0&\tilde{k}_{e1}\\0&0&\tilde{k}_{e2}\\0&0&\tilde{k}_{e3}\end{bmatrix}=\begin{bmatrix}0&0&-2-\tilde{k}_{e1}\\1&0&3-\tilde{k}_{e2}\\0&1&-\tilde{k}_{e3}\end{bmatrix}$$

$$f(s)=\det[s\boldsymbol{I}-(\tilde{\boldsymbol{A}}-\tilde{\boldsymbol{k}}_e\tilde{\boldsymbol{c}})]=\begin{vmatrix}s&0&2+\tilde{k}_{e1}\\-1&s&-3+\tilde{k}_{e2}\\0&-1&s+\tilde{k}_{e3}\end{vmatrix}=s^3+\tilde{k}_{e3}s^2+(\tilde{k}_{e2}-3)s+(\tilde{k}_{e1}+2)$$

系统期望的特征多项式为

$$f^*(s)=(s+3)(s+4)(s+5)=s^3+12s^2+47s+60$$

最后令 $f(s)=f^*(s)$，即两边同次幂系数相等，得 $k_{e1}=58$，$k_{e2}=50$，$k_{e3}=12$，于是有

$$\tilde{\boldsymbol{k}}_e=\begin{bmatrix}58\\50\\12\end{bmatrix}$$

得能观测标准型下带状态观测器的系统如图 6－16 所示。

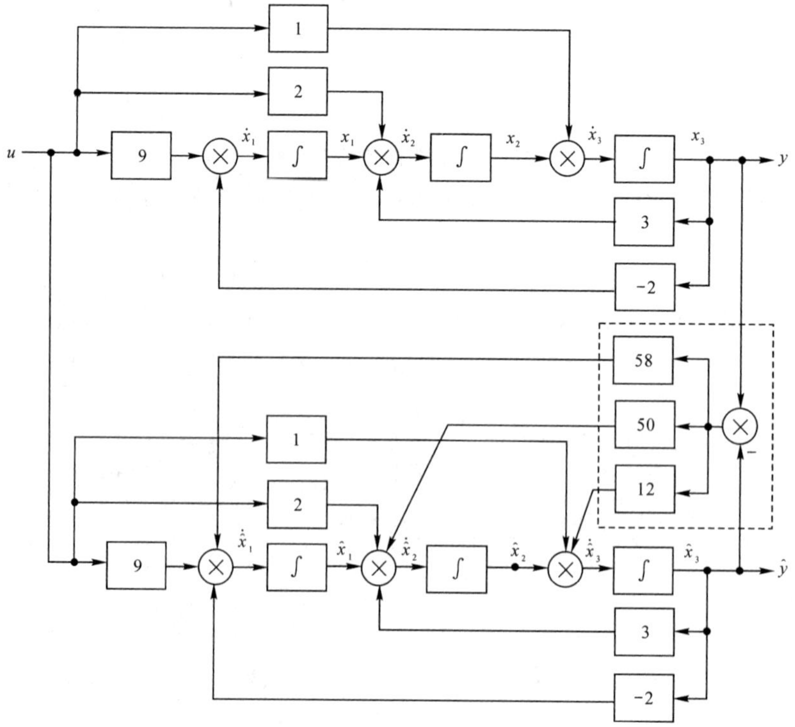

图 6－16　能观测标准型下带状态观测器的系统模拟结构图

另一种能观测标准型下带状态观测器的系统结构如图 6－17 所示。

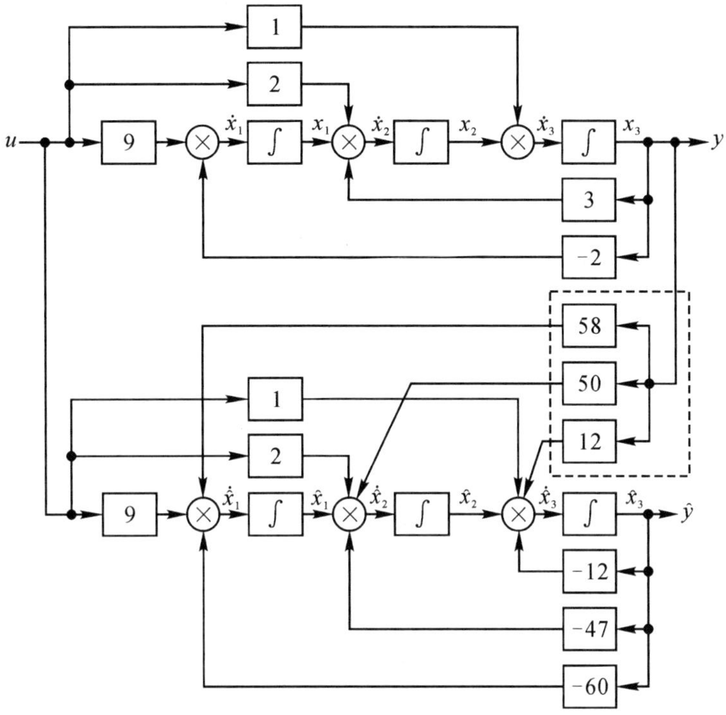

图 6－17　另一种能观测标准型下带状态观测器的系统模拟结构图

2. 状态观测器极点选择原则

理论上讲，状态观测器极点的选择，应使状态观测器的状态尽可能快地逼近系统的真实状态。而实际中并非如此，主要受状态观测器输出误差反馈增益和噪声限制。因此，实际逼近速度不能太快，应适当选择。

3. 降维状态观测器

定义 6－4　所谓全维状态观测器，是指状态观测器的维数与被控系统维数相同。

定义 6－5　当系统为能观测时，若输出矩阵 $\boldsymbol{c}$ 的秩是 m，则可用 $(n-m)$ 维状态观测器代替全维状态观测器。这种维数低于全维状态观测器维数的状态观测器称为降维状态观测器。

关于降维观测器的设计请查阅相关参考资料。

第四节　带状态观测器的状态反馈系统

构造状态观测器的目的是通过状态反馈改变系统的极点，从而提高系统的性能。

一、系统结构与状态空间表达式

带有全维状态观测器的状态反馈系统结构如图 6－18 所示。

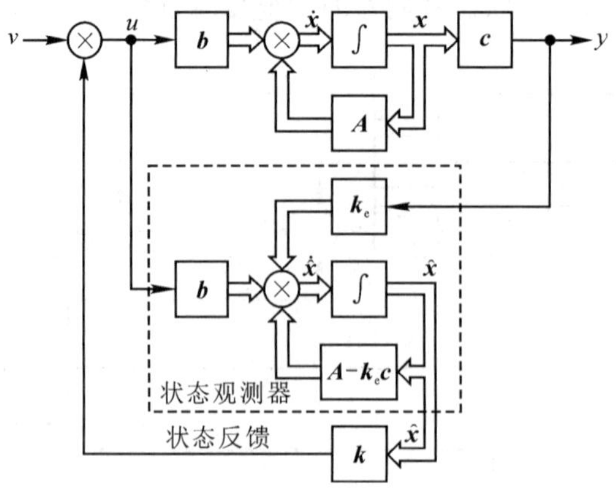

图 6-18 带有全维状态观测器的状态反馈系统

设单输入单输出受控系统：

$$\dot{\boldsymbol{x}}=\boldsymbol{A}\boldsymbol{x}+\boldsymbol{b}u,\ y=\boldsymbol{c}\boldsymbol{x}$$

是能控能观测的，则状态观测器的状态空间表达式为

$$\dot{\hat{\boldsymbol{x}}}=(\boldsymbol{A}-\boldsymbol{k}_e\boldsymbol{c})\hat{\boldsymbol{x}}+\boldsymbol{k}_e y+\boldsymbol{b}u,\ \hat{y}=\boldsymbol{c}\hat{\boldsymbol{x}}$$

反馈控制规律为

$$u=v+\boldsymbol{k}\hat{\boldsymbol{x}}$$

整个闭环系统的状态空间表达式可写成

$$\left.\begin{aligned}\dot{\boldsymbol{x}}&=\boldsymbol{A}\boldsymbol{x}+\boldsymbol{b}u=\boldsymbol{A}\boldsymbol{x}+\boldsymbol{b}\boldsymbol{k}\hat{\boldsymbol{x}}+\boldsymbol{b}v\\\dot{\hat{\boldsymbol{x}}}&=(\boldsymbol{A}-\boldsymbol{k}_e\boldsymbol{c})\hat{\boldsymbol{x}}+\boldsymbol{k}_e y+\boldsymbol{b}\boldsymbol{k}\hat{\boldsymbol{x}}=\boldsymbol{k}_e\boldsymbol{c}\boldsymbol{x}+(\boldsymbol{A}-\boldsymbol{k}_e\boldsymbol{c}+\boldsymbol{b}\boldsymbol{k})\hat{\boldsymbol{x}}+\boldsymbol{b}v\end{aligned}\right\}$$

整理得

$$\left.\begin{aligned}&\begin{bmatrix}\dot{\boldsymbol{x}}\\\dot{\hat{\boldsymbol{x}}}\end{bmatrix}=\begin{bmatrix}\boldsymbol{A}&\boldsymbol{b}\boldsymbol{k}\\\boldsymbol{k}_e\boldsymbol{c}&\boldsymbol{A}-\boldsymbol{k}_e\boldsymbol{c}+\boldsymbol{b}\boldsymbol{k}\end{bmatrix}\begin{bmatrix}\boldsymbol{x}\\\hat{\boldsymbol{x}}\end{bmatrix}+\begin{bmatrix}\boldsymbol{b}\\\boldsymbol{b}\end{bmatrix}v\\&y=\begin{bmatrix}\boldsymbol{c}&\boldsymbol{0}\end{bmatrix}\begin{bmatrix}\boldsymbol{x}\\\hat{\boldsymbol{x}}\end{bmatrix}\end{aligned}\right\}\tag{6-6}$$

二、闭环系统的基本特征

使用状态观测器输出的状态估计值反馈到系统的输入端，构成一个由原系统和其状态观测器组成的闭环系统，闭环系统的极点可以通过状态反馈增益矩阵实现，状态观测器的极点可以根据系统对观察时间的要求来设计。

由闭环系统的状态空间表达式(6-6)可知，闭环系统的维数为 $2n$。闭环系统特征多项式等于$(\boldsymbol{A}+\boldsymbol{b}\boldsymbol{k})$的特征多项式和$(\boldsymbol{A}-\boldsymbol{k}_e\boldsymbol{c})$的特征多项式的乘积。表明闭环系统添加了$(\boldsymbol{A}-\boldsymbol{k}_e\boldsymbol{c})$的极点。同时也表明，$\boldsymbol{k}$ 和 $\boldsymbol{k}_e$ 的设计可以独立进行(即分离特性)。

第五节 解耦控制

在工程应用中，希望实现输入和输出之间的一对一控制。比如导弹的飞行控制，希望其俯仰和偏航的控制是相互不影响的，也就是两个控制通道之间是没有耦合的。通常在设计时采用解耦控制，即寻求合适的控制规律，使系统的每一个输入控制仅控制系统的一个输出。

一、解耦的概念

定义 6-6　若一个 m 维输入、m 维输出的受控系统的传递函数矩阵为

$$\boldsymbol{G}(s)=\boldsymbol{C}(s\boldsymbol{I}-\boldsymbol{A})^{-1}\boldsymbol{B}$$

该矩阵是一个非奇异对角线形有理多项式矩阵：

$$\boldsymbol{G}(s)=\begin{bmatrix} G_{11}(s) & & & 0 \\ & G_{22}(s) & & \\ & & \ddots & \\ 0 & & & G_{mm}(s) \end{bmatrix} \tag{6-7}$$

则称该多变量系统是解耦的。

显然，对于一个解耦系统，每一个输入仅控制相应的一个输出；同时，每一个输出仅受相应的一个输入控制。因此一个解耦系统可以被看作为一组相互无关的单变量系统。解耦控制系统如图 6-19 所示。

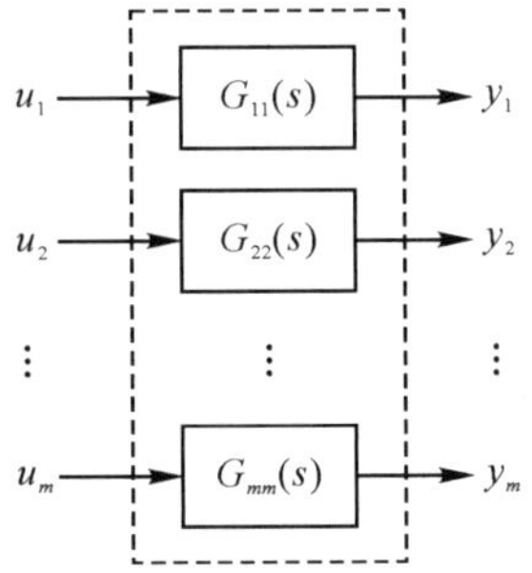

图 6-19　解耦系统示意图

飞机的飞行控制是一个需要解耦系统的例子。飞机在飞行中能控的输出量是俯仰角、水平位置和高度，控制输入量是机翼的偏转。因为三个输出量之间有耦合，如果要同时操纵三个输入量并成功地控制飞机，就要求驾驶员有相当高的技巧。如果系统实现了解耦，就为驾驶员提供了三个独立的高稳定性子系统，从而可以平稳地操纵飞机姿态和飞行高度。

实现解耦控制的方法有两类：一类是串联解耦，另一类是状态反馈解耦。

二、串联解耦

串联解耦是在待解耦系统中串接一个前馈补偿器，使串联组合系统的传递函数矩阵成为对角线形的有理函数矩阵的方法。串联解耦系统的结构图如图 6-20 所示。

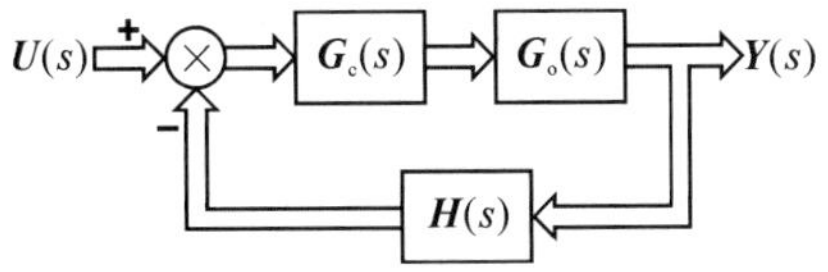

图 6-20　串联解耦系统结构图

图 6-20 中，$\boldsymbol{G}_c(s)$为解耦控制器传递函数阵；$\boldsymbol{G}_o(s)$为控制对象传递函数阵；$\boldsymbol{H}(s)$为控制反馈矩阵。令

$$\boldsymbol{G}_p(s)=\boldsymbol{G}_o(s)\boldsymbol{G}_c(s)$$

则有

$$\boldsymbol{Y}(s)=[\boldsymbol{I}+\boldsymbol{G}_p(s)\boldsymbol{H}(s)]^{-1}\boldsymbol{G}_p(s)\boldsymbol{U}(s)=\boldsymbol{\Phi}(s)\boldsymbol{U}(s)$$

其中，

$$\boldsymbol{\Phi}(s)=[\boldsymbol{I}+\boldsymbol{G}_p(s)\boldsymbol{H}(s)]^{-1}\boldsymbol{G}_p(s) \tag{6-8}$$

为闭环传递矩阵。

由式(6-8)解得

$$\boldsymbol{G}_p(s)=\boldsymbol{\Phi}(s)[\boldsymbol{I}-\boldsymbol{H}(s)\boldsymbol{\Phi}(s)]^{-1}=\boldsymbol{G}_o(s)\boldsymbol{G}_c(s)$$

解耦控制器的传递函数为

$$\boldsymbol{G}_c(s)=\boldsymbol{G}_o^{-1}(s)\boldsymbol{\Phi}(s)[\boldsymbol{I}-\boldsymbol{H}(s)\boldsymbol{\Phi}(s)]^{-1} \tag{6-9}$$

例 6-5 设用前馈补偿器实现的串联解耦系统的结构图如图 6-21 所示，其中 $\boldsymbol{H}=\boldsymbol{I}$。受控对象 $\boldsymbol{G}_o(s)$和要求的闭环传递函数矩阵 $\boldsymbol{\Phi}(s)$分别为

$$\boldsymbol{G}_o(s)=\begin{bmatrix}\dfrac{1}{0.1s+1} & \dfrac{1}{0.01s+1}\\ 0 & \dfrac{2}{0.2s+1}\end{bmatrix},\quad \boldsymbol{\Phi}(s)=\begin{bmatrix}\dfrac{1}{s+1} & 0\\ 0 & \dfrac{1}{5s+1}\end{bmatrix}$$

求解耦控制器传递函数阵 $\boldsymbol{G}_c(s)$。

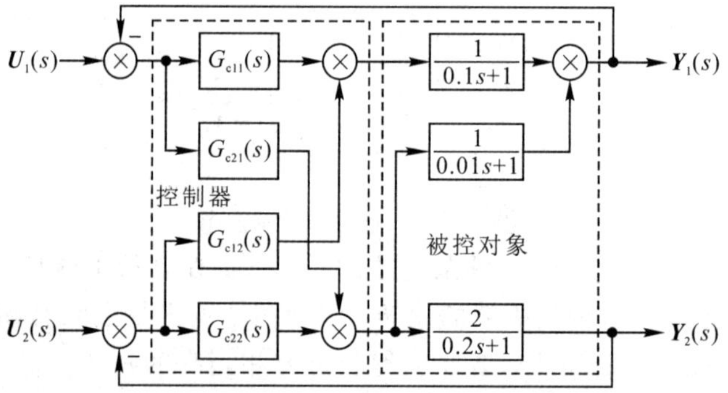

图 6-21 用前馈补偿器实现的串联解耦系统结构图

解 由式(6-9)可知

$$\begin{aligned}\boldsymbol{G}_c(s)&=\boldsymbol{G}_o^{-1}(s)\boldsymbol{\Phi}(s)[\boldsymbol{I}-\boldsymbol{H}(s)\boldsymbol{\Phi}(s)]^{-1}\\ &=\begin{bmatrix}\dfrac{1}{0.1s+1} & \dfrac{1}{0.01s+1}\\ 0 & \dfrac{2}{0.2s+1}\end{bmatrix}^{-1}\begin{bmatrix}\dfrac{1}{s+1} & 0\\ 0 & \dfrac{1}{5s+1}\end{bmatrix}\begin{bmatrix}\dfrac{s}{s+1} & 0\\ 0 & \dfrac{5s}{5s+1}\end{bmatrix}^{-1}\\ &=\begin{bmatrix}\dfrac{0.1s+1}{s} & -\dfrac{(0.1s+1)(0.2s+1)}{10s(0.01s+1)}\\ 0 & \dfrac{0.2s+1}{10s}\end{bmatrix}\end{aligned}$$

三、状态反馈解耦

状态反馈解耦是利用系统内部状态反馈实现解耦的。设系统传递函数矩阵为 $\boldsymbol{G}(s)$，其状态空间表达式为

$$\left.\begin{aligned}\dot{\boldsymbol{x}}&=\boldsymbol{A}\boldsymbol{x}+\boldsymbol{B}\boldsymbol{u}\\ \boldsymbol{y}&=\boldsymbol{C}\boldsymbol{x}\end{aligned}\right\}\tag{6-10}$$

状态反馈解耦系统结构图如图 6－22 所示。

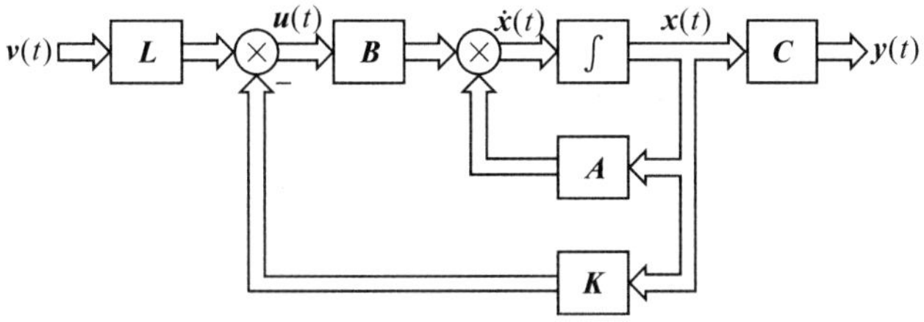

图 6－22　状态反馈解耦系统结构图

此时系统的控制规律为

$$\boldsymbol{u}=\boldsymbol{L}\boldsymbol{v}-\boldsymbol{K}\boldsymbol{x}\tag{6-11}$$

将式(6－11)代入式(6－10)中，得状态反馈闭环系统的状态空间表达式：

$$\left.\begin{aligned}\dot{\boldsymbol{x}}&=(\boldsymbol{A}-\boldsymbol{B}\boldsymbol{K})\boldsymbol{x}+\boldsymbol{B}\boldsymbol{L}\boldsymbol{v}\\ \boldsymbol{y}&=\boldsymbol{C}\boldsymbol{x}\end{aligned}\right\}$$

则闭环系统的传递函数矩阵为

$$\boldsymbol{G}_{KL}(s)=\boldsymbol{C}(s\boldsymbol{I}-\boldsymbol{A}+\boldsymbol{B}\boldsymbol{K})^{-1}\boldsymbol{B}\boldsymbol{L}$$

如果存在某个 $\boldsymbol{K}$ 阵和 $\boldsymbol{L}$ 阵，使得 $\boldsymbol{G}_{KL}(s)$为对角线非奇异矩阵，就实现了解耦控制。关于状态反馈解耦控制的理论问题比较复杂，这里证明从略，直接给出定义和定理。

定义 6－7　定义两个不变量和两个矩阵：

$$d_i=\min\{\boldsymbol{G}_i(s)\text{中各元素分母与分子多项式幂次之差}\}-1$$

$$E_i=\lim_{s\to\infty}s^{d_i+1}\boldsymbol{G}_i(s)$$

$$\boldsymbol{E}=\begin{bmatrix}E_1\\E_2\\\vdots\\E_m\end{bmatrix}$$

$$\boldsymbol{F}=\begin{bmatrix}c_1\boldsymbol{A}^{d_1+1}\\\vdots\\c_m\boldsymbol{A}^{d_m+1}\end{bmatrix}$$

其中，d_i 为解耦阶常数，$\boldsymbol{E}$ 为 m 阶可解耦性方矩阵，$\boldsymbol{F}$ 为结构特性向量，$\boldsymbol{G}_i(s)$为受控系统传递矩阵 $\boldsymbol{G}(s)$的第 i 个行向量。

定理 6－6　受控系统$\{\boldsymbol{A}, \boldsymbol{B}, \boldsymbol{C}\}$通过状态反馈实现解耦控制的充分必要条件为可解耦矩阵 $\boldsymbol{E}$ 是非奇异的，即

$$\det\boldsymbol{E}\neq0$$

定理 6－7 给定方连续线性定常系统，基于结构特征指数组成矩阵 $\boldsymbol{E}$ 和基于结构特性向量 $\boldsymbol{F}$，取

$$\boldsymbol{L}=\boldsymbol{E}^{-1},\ \boldsymbol{K}=-\boldsymbol{E}^{-1}\boldsymbol{F}$$

导出的包含输入变换状态反馈系统：

$$\left.\begin{aligned}\dot{\boldsymbol{x}}&=(\boldsymbol{A}-\boldsymbol{B}\boldsymbol{E}^{-1}\boldsymbol{F})\boldsymbol{x}+\boldsymbol{B}\boldsymbol{E}^{-1}\boldsymbol{v}\\ \boldsymbol{y}&=\boldsymbol{C}\boldsymbol{x}\end{aligned}\right\}$$

为积分型解耦系统，即闭环传递函数矩阵具有形式

$$\boldsymbol{G}_{KL}(s)=\boldsymbol{c}(s\boldsymbol{I}-\boldsymbol{A}+\boldsymbol{B}\boldsymbol{E}^{-1}\boldsymbol{F})^{-1}\boldsymbol{B}\boldsymbol{E}^{-1}=\begin{bmatrix}\frac{1}{s^{d_1+1}} & & \\ & \ddots & \\ & & \frac{1}{s^{d_m+1}}\end{bmatrix}$$

例 6－6 设受控系统的传递矩阵为

$$\boldsymbol{G}(s)=\begin{bmatrix}\frac{s+2}{s^2+s+1} & \frac{1}{s^2+s+2}\\ \frac{1}{s^2+2s+1} & \frac{3}{s^2+s+4}\end{bmatrix}$$

试判断该系统是否可以通过状态反馈实现解耦控制。

解 由 d_i 的定义，分别观察 $\boldsymbol{G}(s)$的第一行和第二行，可得 $d_1=1-1=0$，$d_2=2-1=1$。由 E_i 的定义可知

$$\boldsymbol{E}_1=\lim_{s\to\infty}s^{d_1+1}G_1(s)=\lim_{s\to\infty}s\begin{bmatrix}\frac{s+2}{s^2+s+1} & \frac{1}{s^2+s+2}\end{bmatrix}=[1\quad 0]$$

$$\boldsymbol{E}_2=\lim_{s\to\infty}s^{d_2+1}G_2(s)=\lim_{s\to\infty}s^2\begin{bmatrix}\frac{1}{s^2+2s+1} & \frac{3}{s^2+s+4}\end{bmatrix}=[1\quad 3]$$

系统的可解耦性矩阵为

$$\boldsymbol{E}=\begin{bmatrix}E_1\\ E_2\end{bmatrix}=\begin{bmatrix}1 & 0\\ 1 & 3\end{bmatrix}$$

$$\det\boldsymbol{E}=\begin{vmatrix}1 & 0\\ 1 & 3\end{vmatrix}=3\neq 0$$

表明该系统可以通过状态反馈实现解耦。

例 6－7 给定双输入双输出线性定常系统：

$$\dot{\boldsymbol{x}}=\begin{bmatrix}0 & 1 & 0 & 0\\ 3 & 0 & 0 & 2\\ 0 & 0 & 0 & 1\\ 0 & -2 & 0 & 0\end{bmatrix}\boldsymbol{x}+\begin{bmatrix}0 & 0\\ 1 & 0\\ 0 & 0\\ 0 & 1\end{bmatrix}\boldsymbol{u},\ \boldsymbol{y}=\begin{bmatrix}1 & 0 & 0 & 0\\ 0 & 0 & 1 & 0\end{bmatrix}\boldsymbol{x}$$

要求综合满足解耦合期望极点配置的一个输入变换和状态反馈矩阵对{$\boldsymbol{L}$, $\boldsymbol{K}$}。

解 先计算受控系统的结构特征量：

$$\left.\begin{aligned}&d_1=1,\ d_2=1\\ &\boldsymbol{E}_1=[1\quad 0],\ \boldsymbol{E}_2=[0\quad 1]\end{aligned}\right\}$$

再判断可解耦性

$$\boldsymbol{E}=\begin{bmatrix}E_1\\E_2\end{bmatrix}=\begin{bmatrix}1&0\\0&1\end{bmatrix}$$

可见 $\boldsymbol{E}$ 为非奇异的，即受控系统可动态解耦。导出积分型解耦系统$\{\bar{\boldsymbol{A}},\bar{\boldsymbol{B}},\bar{\boldsymbol{C}}\}$

$$\boldsymbol{F}=\begin{bmatrix}\boldsymbol{c}_1\boldsymbol{A}^2\\\boldsymbol{c}_2\boldsymbol{A}^2\end{bmatrix}=\begin{bmatrix}3&0&0&2\\0&-2&0&0\end{bmatrix}$$

$$\bar{\boldsymbol{A}}=\boldsymbol{A}-\boldsymbol{B}\boldsymbol{E}^{-1}\boldsymbol{F}=\begin{bmatrix}0&1&0&0\\0&0&0&0\\0&0&0&1\\0&0&0&0\end{bmatrix},\ \bar{\boldsymbol{B}}=\boldsymbol{B}\boldsymbol{E}^{-1}=\begin{bmatrix}0&0\\1&0\\0&0\\0&1\end{bmatrix},\ \bar{\boldsymbol{C}}=\boldsymbol{C}=\begin{bmatrix}1&0&0&0\\0&0&1&0\end{bmatrix}$$

确定状态反馈增益矩阵，实现希望极点配置。

$$\widetilde{\boldsymbol{K}}=\begin{bmatrix}k_{11}&k_{12}&0&0\\0&0&k_{21}&k_{22}\end{bmatrix}$$

$$\widetilde{\boldsymbol{A}}-\widetilde{\boldsymbol{B}}\widetilde{\boldsymbol{K}}=\begin{bmatrix}0&1&&\\k_{11}&k_{12}&&\\&&0&1\\&&k_{21}&k_{22}\end{bmatrix}$$

$$\lambda_{11}^*=-2,\ \lambda_{12}^*=-4$$

$$\lambda_{21}^*=-2+\mathrm{j},\ \lambda_{22}^*=-2-\mathrm{j}$$

$$\widetilde{\boldsymbol{K}}=\begin{bmatrix}-8&-6&0&0\\0&0&-5&-4\end{bmatrix}$$

最后求输入变换阵和状态反馈矩阵对

$$\boldsymbol{L}=\boldsymbol{E}^{-1}=\begin{bmatrix}1&0\\0&1\end{bmatrix}$$

$$\begin{aligned}\boldsymbol{K}&=-\boldsymbol{E}^{-1}\boldsymbol{F}+\boldsymbol{E}^{-1}\widetilde{\boldsymbol{K}}\boldsymbol{Q}=-_{\mathrm{E}}{}^{-1}\boldsymbol{F}+_{\mathrm{E}}{}^{-1}\widetilde{\boldsymbol{K}}\\&=-\begin{bmatrix}1&0\\0&1\end{bmatrix}\begin{bmatrix}3&0&0&2\\0&-2&0&0\end{bmatrix}+\begin{bmatrix}1&0\\0&1\end{bmatrix}\begin{bmatrix}-8&-6&0&0\\0&0&-5&-4\end{bmatrix}\\&=-\begin{bmatrix}3&0&0&2\\0&-2&0&0\end{bmatrix}+\begin{bmatrix}-8&-6&0&0\\0&0&-5&-4\end{bmatrix}\\&=-\begin{bmatrix}11&6&0&2\\0&-2&-5&4\end{bmatrix}\end{aligned}$$

状态空间表达式为

$$\left.\begin{aligned}\dot{\boldsymbol{x}}&=(\boldsymbol{A}+\boldsymbol{B}\boldsymbol{K})\boldsymbol{x}+\boldsymbol{B}\boldsymbol{L}\boldsymbol{v}=\begin{bmatrix}0&1&0&0\\-8&-6&0&0\\0&0&0&1\\0&0&-5&-4\end{bmatrix}\boldsymbol{x}+\begin{bmatrix}0&0\\1&0\\0&0\\0&1\end{bmatrix}\boldsymbol{v}\\\boldsymbol{y}&=\boldsymbol{C}\boldsymbol{x}=\begin{bmatrix}1&0&0&0\\0&0&1&0\end{bmatrix}\boldsymbol{x}\end{aligned}\right\}$$

传递函数矩阵为

$$G_{KL}(s)=\boldsymbol{C}(s\boldsymbol{I}-\boldsymbol{A}-\boldsymbol{BK})^{-1}\boldsymbol{BL}=\begin{bmatrix}\dfrac{1}{s^2+6s+8} & 0\\ 0 & \dfrac{1}{s^2+4s+5}\end{bmatrix}$$

习 题 6

6-1 什么是状态反馈与输出反馈？它们有什么区别和联系？

6-2 简述状态反馈闭环系统极点的配置方法和步骤。

6-3 什么是镇定问题？能控和能镇定是什么关系？

6-4 渐近状态观测器利用了系统的哪些信息？

6-5 状态观测器的状态是不是越快逼近系统的真实状态越好？

6-6 何为降维状态观测器？它能代替全维状态观测器吗？

6-7 带有状态观测器的状态反馈系统能控性和能观测性如何？

6-8 何谓分离特性？

6-9 判断下列系统能否用状态反馈任意配置极点。

(1) $\dot{\boldsymbol{x}}=\begin{bmatrix}1 & 2\\3 & 1\end{bmatrix}\boldsymbol{x}+\begin{bmatrix}1\\0\end{bmatrix}u$

(2) $\dot{\boldsymbol{x}}=\begin{bmatrix}1 & 0 & 0\\0 & -2 & 1\\0 & 0 & -2\end{bmatrix}\boldsymbol{x}+\begin{bmatrix}0\\0\\1\end{bmatrix}u$

6-10 已知系统状态方程为

$$\dot{\boldsymbol{x}}=\begin{bmatrix}1 & -1 & 1\\0 & 1 & 1\\1 & 0 & 1\end{bmatrix}\boldsymbol{x}+\begin{bmatrix}0\\0\\1\end{bmatrix}u$$

试设计一状态反馈矩阵使闭环系统极点配置为−1，−2，−3。

6-11 设系统状态方程为

$$\dot{\boldsymbol{x}}=\begin{bmatrix}0 & 1 & 0\\0 & -1 & 1\\0 & -1 & -10\end{bmatrix}\boldsymbol{x}+\begin{bmatrix}0\\0\\10\end{bmatrix}u$$

试设计一状态反馈矩阵将其极点配置为−10，$-1\pm \mathrm{j}\sqrt{3}$。

6-12 设系统的传递函数为

$$\frac{(s+2)}{(s+1)(s-2)(s+3)}$$

试问可否利用状态反馈将其传递函数变为

$$\frac{1}{(s+2)(s+3)}$$

若有可能，试求状态反馈矩阵，并画出系统状态模拟结构图。

6-13 设线性定常系统的状态空间描述为

$$\left.\begin{aligned}\dot{\boldsymbol{x}} &= \begin{bmatrix}-5 & -1\\ 6 & 0\end{bmatrix}x+\begin{bmatrix}0\\2\end{bmatrix}u\\ y &= \begin{bmatrix}0 & 1\end{bmatrix}\boldsymbol{x}\end{aligned}\right\}$$

试设计状态反馈矩阵 $\boldsymbol{k}$，使系统闭环极点配置在$\{-5+\mathrm{j}5，-5-\mathrm{j}5\}$处，并绘制状态反馈系统的模拟结构图。

6-14　已知被控系统的传递函数为

$$G(s)=\frac{10}{(s+1)(s+2)}$$

试设计一个状态反馈控制律，使得闭环系统的极点为$-1\pm\mathrm{j}$。

6-15　已知系统传递函数为

$$G(s)=\frac{20}{s^3+4s^2+3s}$$

设计状态反馈增益矩阵 $\boldsymbol{k}$，使系统极点配置在-5，$-2\pm\mathrm{j}2$ 处，并画出系统的模拟结构图。

6-16　设系统状态方程为

$$\dot{\boldsymbol{x}}=\begin{bmatrix}0 & 1 & 0 & 0\\ 0 & 0 & -1 & 0\\ 0 & 0 & 0 & 1\\ 0 & 0 & 11 & 0\end{bmatrix}\boldsymbol{x}+\begin{bmatrix}0\\1\\0\\-1\end{bmatrix}u$$

(1) 判断系统是否稳定。

(2) 系统能否镇定。若能，试设计状态反馈使之稳定。

6-17　已知系统

$$\dot{\boldsymbol{x}}=\begin{bmatrix}0 & 1\\ 0 & 0\end{bmatrix}\boldsymbol{x}+\begin{bmatrix}0\\1\end{bmatrix}u，\ y=\begin{bmatrix}1 & 0\end{bmatrix}\boldsymbol{x}$$

试设计一状态观测器，使观测器的极点为$-r$，$-2r(r>0)$。

6-18　设系统的状态方程与输出方程为

$$\dot{\boldsymbol{x}}=\begin{bmatrix}0 & 1\\ 0 & -5\end{bmatrix}\boldsymbol{x}+\begin{bmatrix}0\\1\end{bmatrix}u，\ y=\begin{bmatrix}1 & 0\end{bmatrix}\boldsymbol{x}$$

试设计带状态观测器的状态反馈系统，使反馈系统的极点配置在$-1\pm\mathrm{j}$。

参考文献

[1] 陆军. 线性系统理论[M]. 北京：科学学出版社，2022.

[2] 郑大钟. 线性系统理论基本教程[M]. 北京：清华大学出版社，2022.

[3] 周延延. 现代控制理论基础及实验教程[M]. 西安：西北工业大学出版社，2017.

[4] 韩敏. 线性系统理论与设计[M]. 北京：人民邮电出版社，2018 年.

[5] 郭亮. 现代控制理论基础[M]. 北京：北京航空航天大学出版社，2013.

[6] 郑大钟. 线性系统理论[M]. 2 版. 北京：清华大学出版社，2012.

[7] 尤昌德. 现代控制理论基础[M]. 北京：电子工业出版社，1996.

[8] 段广仁. 线性系统理论[M]. 哈尔滨工业大学出版社，1996.

[9] 王声远. 现代控制理论简明教程[M]. 北京：北京航空航天大学出版社，1990.

[10] 胡寿松. 自动控制原理[M]. 6 版. 北京：科学出版社，2013.

[11] 李仁厚. 智能控制理论和方法[M]. 2 版. 西安：西安电子科技大学出版社，2013.

[12] 郑大钟. 线性系统理论习题与解答[M]. 2 版. 北京：清华大学出版社，2018

[13] 吴晓燕. MATLAB 在自动控制中的应用[M]. 西安：西安电子科技大学出版社，2006.

[14] CHEN C T. Linear system theory and design[M]. New York：Oxford University Press, Inc. 1995.

[15] 李刚. 控制理论基础及实验教程[M]. 西安：西安电子科技大学出版社，2023.